探検データサイエンス

数理思考演習

磯辺秀司・小泉英介
静谷啓樹・早川美徳
［著］

共立出版

刊行にあたって

データが世界を動かす「データ駆動型社会」は，既に到来しているといえるだろう．情報通信技術や計測技術の発展により，社会のあらゆる領域でデータが収集・蓄積され，そこから得られる分析結果が瞬時に実世界へフィードバックされて，社会的価値を生み出している．インターネットで買い物をすれば，次に興味をもちそうな商品リストが提示されるといったサービスはもはや日常のものとなっているが，これらは膨大な顧客の行動履歴に基づく行動予測の理論と実装が大きく進歩したことで実現した．

このように，大規模なデータ（ビッグデータ）から最適解を見つけるというデータ駆動型の手法は，日々の生活や娯楽はもとより，医療，製造，交通，教育，経営戦略，政策決定，科学研究などに至るまで，急速に浸透している．身の回りのものが常時ネットワークに接続され，社会全体のデジタル化が加速し，様々なデータが集積される現代において，データサイエンスや人工知能(AI)，およびその基礎数理の素養は，情報の正しい利活用，社会課題の解決，ビジネスチャンスの拡大，新たなイノベーションの創出のために必須となることは明らかである．

このような時代の要請に応えるべく，全国の大学ではデータサイエンス教育強化が進行している．本シリーズは，AI・数理・データサイエンス (AIMD) の基礎・応用・実践を，人文社会系・生命系・理工系を問わず現代を生きるすべての人々に提供することを目指して企画された．各分野で期待されるデータサイエンスのリテラシーとしての水準をカバーし，さらに少し先を展望する内容を含めることで，人文社会系や生命系の学部・大学院にも配慮された内容としている．データサイエンスは情報技術の発展を支える研究分野に違いないが，本来データサイエンスとは，データをめぐる様々な事象に対して，原因と結果を探し求め，その本質的な仕組の解明を目的とするサイエンスであると

いう視点を本シリーズでは大事にする.

　データサイエンスはまだ若く，多様な領域にまたがった未踏の原野が遥かに広がっている．データサイエンスへの手掛かりをいろいろな切り口から提供する本シリーズをきっかけとして，読者の皆さんが未踏の領域に好奇心を抱き，まだ見ぬ原野に道を拓き，その探検者となることを期待している.

編集委員を代表して
尾畑伸明

まえがき

　本書は，コンピュテーショナル・シンキングの名で呼ばれる問題解決のスタイルに関する大学教育向け演習本位のテキストである．コンピュテーショナル・シンキングとはもちろん computational thinking (CT) のことであるが，この片仮名表記の外来語に対して和文術語の創出が模索された形跡は見つからない．そこで，訳語が原義を裏切らないよう配慮した上で思い切って，「数理思考」と意訳して書名としている．

　CT は，20 世紀中庸に考案されたアルゴリズミック・シンキングに原型を見ることができる．計算機科学の流儀で問題を解決するこの思考様式はしかし，定着しなかった．ところが，知識基盤社会となった 21 世紀にようやく，アルゴリズミック・シンキングの理念が受容され共感される環境が整い，特定の専門分野に限定されない万人に必須の基本スキルとして，洗練された姿で再登場した．それが CT である．計算機科学が抽象化の科学であることから，CT 教育では抽象化のスキルが涵養される．日常生活の身近な問題から出発し，問題の抽象化によって数理的なモデルにたどり着く．そしてそのモデルに基づき，問題解決の自動化・定型作業化の手順を記述する言語としてアルゴリズムが登場する．CT 教育が目指すのは抽象化と自動化アルゴリズム構築のスキルであって，プログラミング言語で計算機上に実装することではない．もっとも，STEM 教育に軸足をおいた学科や専攻によっては実装までを CT 教育として位置づけていることがあり，しかも抽象化と自動化のスキルだけでなく，そこからさらに細分化されたスキルが設定されていることもある．このような派生形は，現代的なリベラルアーツ教育と専門教育との差異に相似の現象と整理するのが適切であろう．

　本書は，筆者らが先に出版した『コンピュテーショナル・シンキング』（共立出版, 2016）を下敷きにしている．今回，拙著に寄せられたご意見を踏まえ，さらにデータサイエンスの文脈におくものとして内容を再吟味し，全体を鍛え直したつもりでいる．このような移行をご快諾いただき，企画から出版までの長いもたつきを辛抱してくださった共立出版の山内千尋氏に，お詫びと紙一重の心からの謝意を表したい．

2023 年 3 月　　　　　　　　　　　　　　　　　　　　　　　　　　著者一同

目　次

─ 第1章 ─

はじめに

1.1 数理思考とは

数理思考とは computational thinking のことである．外来語としてコンピュテーショナル・シンキングと呼ばれることが多いが，本書の表題は意訳により「数理思考」とした．ただし英語圏では近年，CT なる略語が広く普及しているので，本書でも特に断りのない限り本文では CT と書くこととし，数理思考と CT を同一視する．

この略語が普及した背景はもちろん，CT の教育が当たり前になっているためである．北米の大学では文系・理系の区別なく CT 教育が実施されており，充実した教科書も出版されている [20, 23, 26]．そもそも，主に STEM 教育の一環として初等中等教育で展開されたのが CT 教育の始まりである．これは読み書き算数のスキルと同列の，21 世紀を生きるすべての人間に必須のスキルと位置づけられていることの反映である．

CT をひと言でいうならば，「**計算機科学の流儀で考えて問題を解決すること**」となるであろう．教育や研修の文脈では，このスキルの獲得が目標となる．以下，この標語的な表現の主旨を少し詳しく説明したい．

まず「計算機科学」（コンピュータ・サイエンス）という言葉だが，これはとても誤解を受けやすいので補足が必要である．計算機科学はコンピュータそのものに関する科学を指すわけではない．コンピュータの出現に伴って重要性

が再認識された既存の学問分野や，新たに生まれたさまざまな専門領域に対する包括語的な言葉であり，実際それが包括する範囲も広い．例えば，理論計算機科学は計算機科学の一分野であるが，数学の一分野でもある．計算できるとは何か，計算が難しいとは何か，という根本的な問題と向き合う学問として数学基礎論に源流を持ち，コンピュータという機械が現れる以前から深い研究がなされている．

　次に，「問題解決」の意味であるが，これは入学試験のように与えられた問題を解く行為を指すものではもちろんない．問題解決とは，何らかの目標を達成するための方策を模索して，解を発見するまでの思考全般を指す．問題解決のための方法論としてはさまざまなものが知られているが，CTでは，その方法を計算機科学の流儀に依拠しようというものである．

　それでは，「計算機科学の流儀」とは何か．それはコンピュータを使ったりプログラムを書くことではない．むしろ，そのようなことは行わない場合の方が圧倒的である．計算機科学の流儀とは，計算機科学分野に広く見られる知的活動のスタイルであって，現実世界の問題を抽象化によって分析し，それに基づき，問題を解決するための手順（アルゴリズム）を構築するという2段階の思考活動から成る．特に後者は，問題解決のプロセスを定型化・自動化することが目的である．コンピュータにそのプロセスを任せられるようアルゴリズムをプログラムに変換することは，定型化・自動化の先にある一種のオプションである．これは理解を深めるために強調すべきことであるが，オプションはあくまでオプションであって，プログラミングというステップは厳密にはCTには含まれないのが本来のCTである．要するに，**抽象化 (abstraction)** と**自動化 (automation)** という「二つのA」がCTの核心である．

　CTの概念は，Wingの提唱により広く知られるようになった[1]．21世紀初頭のことである．しかし，Denning [22] が指摘しているように，全く新しい概念というわけではなく，1950年代から60年代にalgorithmic thinking（アルゴリズミック・シンキング）と呼ばれていたものの現代版と位置づけられて

---

1)　Jeannette Wingによるエッセイ（参考文献 [31, 32]）を参照のこと．なお，[31] については日本語訳を参照することもできる（中島秀之 訳：『計算論的思考』，情報処理，**56**, pp.584-587, 2015）．

いる．日本でも 2003 年から，CT の教育が目指すものと本質的に重なる教育が高等学校の教科情報において組織的に開始され，その後の改訂版学習指導要領でも継承されている．

　一方，データサイエンスの教育が大学だけでなく初等中等教育でも強化されているので，それと CT 教育との関係にも触れておきたい．単純化していえば，データサイエンスも計算機科学も学際的な学問分野であり，どちらも情報科学に包摂されているので，もともと重なりは大きい．実際，CT は計算機科学とその近隣分野を総動員して行う思考様式であるため，取り組む問題の性質によってはやすやすと分野を越境し，データサイエンスの考え方や手法も貪欲に応用される．ただし，考え方や手法の親和性が高くても，扱うデータやその処理によっては，道具として使う数学が異なってくる．例えば，無限と有限，連続と離散などの差異によって道具の違いが顕在化する．そのことは本章の後半「連続と離散」（1.3.31 頁）で敷衍する．

1.2　抽象化と自動化

　CT とは，計算機科学の流儀による現代的な問題解決の方法であって，抽象化とそれに続く自動化という「二つの A」が思考スタイルの基本であることがわかった．実際，「計算機科学は抽象化の科学である」[18] と言い切る人々もいる．

　本書では，後の章で CT の「二つの A」をいくつかの具体例を通して演習することになるが，ここではそれに先立って，CT の実像を的確に把握する助けにすべく，ごく簡単な具体例をいくつか見てみよう．最初の例は比較的簡単に抽象化できて，自動化も簡単なもの．次の例は努力すると抽象化できて，自動化にも努力を要するもの．最後の例は簡単に抽象化できるが，効率的な自動化が難しいもの，となっている．

1.2.1　互選の当確ライン

> **例題 1.1**　クラスで合コンの企画と準備を担当する合コン委員3人を投票
> で選ぶことになった．これを聞いて僕は，この委員になるためにこの大学
> に入ったのだと思った．むしろ，そのために生まれてきたに違いないとさ
> え……．
>
> 　1人1票で上位3人が当選，クラスは45人．どうすれば当選できるの
> か？

抽象化　法令・学則に基づく選挙ではないとはいえ，とりあえず定められた
投票以外の非常識な方法は考えないことにする．この問題の本質を抽出して一
般化すると，「N 人の集団で互選を行う．1人1票を投票し，上位 r 人を選出
する．少なくとも何票を獲得すると当選確実か？」となるであろう．これを解
く手順を考えることになる（以下の基本アイデアは文献 [4] による）．

　得票数を上位から下位へ順に $x_1 \geq x_2 \geq \cdots \geq x_n > 0$ とすれば，

$$x_1 + x_2 + \cdots + x_n = N.$$

第 r 位（最下位）で当選確実になるためには，

$$x_{r+1} + x_{r+2} + \cdots + x_n < x_r$$

であればよい．これは，$r+1$ 位以下の支持者が結託しても r 位の票に及ばな
いことを意味しているからである（図 1.1）．

1	2	$\cdots$	r	r+1	$\cdots$	n
x_1	x_2	$\cdots$	x_r	x_{r+1}	$\cdots$	x_n

図 1.1　順位（上段）と得票状況

ところで,

$$x_{r+1} + x_{r+2} + \cdots + x_n = N - x_1 - x_2 - \cdots - x_r$$
$$\leq N - rx_r$$

であるから,$x_{r+1} + x_{r+2} + \cdots + x_n < x_r$ の条件により,

$$N - rx_r < x_r$$

であれば当選に十分.よって,$x_r > \dfrac{N}{r+1}$ となる票をとればよい.

自動化 自動化とは処理の定型化であって,必ずしもプログラミングのことではない.自動化の実態はアルゴリズムの記述である.ここでアルゴリズムとは,何らかの入力(インスタンスともいう)に対して所望の出力を得るまでの処理手順を指す用語である.そのアルゴリズムは何らかの方法で表現して記録に残さなければ他の人に伝わらないし,自分でも忘れてしまうかもしれない.そこで,一つでもプログラミング言語に慣れている人はそれを使って書いてもよいが,そのような言語を知らない人は,とにかく何をどういう順番でどうするのかを,自然言語(日本語,英語など)で書けばよい.それも立派にアルゴリズムの表現である.

上記の問題に対する処理手順は極めて単純で,入力に対して出力すべきものは明確である.

(1) Input $N, r > 0$.

(2) Find the least $\ell \in \mathbb{Z}$ such that $\ell > N/(r+1)$.

(3) Output ℓ.

もともとの問題に戻ってこの手順を適用すると,入力 $N = 45$, $r = 3$ であるから,$45/(3+1) = 11.25$ により,$\ell = 12$ となる.つまり,自分を除いて 11 人以上の支持者がいれば当確となり,大学に入学した意義も,この世に生を受けた意味も実感できる.

1.2.2 少人数教育科目のクラス分け

> 例題1.2 某大学の少人数教育科目は1年生対象の必修科目で，並列に150クラスが提供されている．学生は受講したいクラスを第1希望から第5希望まで提出するが，各クラスの定員は20人程度に設定されており，学生は一つのクラスしか履修できない．1学年2400人の学生ができるだけ満足できるクラス分けをしたい．どのようにすればよいか？

抽象化 これは大学教育の現場でしばしば直面する問題である．しかし，あっさり解けるような問題ではないのは明らかで，既知の研究成果に基づくいくつかの道具を要する．以下，文献[7]の秀逸な解説に沿って抽象化の手法を紹介する．

まず，状況を改めて確認しよう．クラス数をLとし，各クラスは1〜Lの番号で識別されるものとする．また，各クラスの定員をc_i ($1 \leq i \leq L$)とする．全学生数をNとし，各学生は1〜Nの番号で識別されるものとする．各学生はLクラスの中から第k (≥ 1)希望まで提出するが，クラス分けにより一つのクラスしか履修できない．このとき，クラス分けの各パターンに対する評価（もしくは満足度）を，希望通りの学生が多いほど高得点になるように定義し，これが最大値となるようなクラス分けを探ることにする．

ここで，変数x_{ij}を導入する．これはiとjの組み合わせによって1か0の値をとる．すなわち，クラスiを学生jが履修するとき$x_{ij} = 1$，それ以外は$x_{ij} = 0$とする．縦軸をクラス，横軸を学生とすると，図1.2のようなL行N列の表（値は1または0）を考えていることになる．

この変数を使うと，「条件1：各クラスには定員が設けられている」は，一つの行について和をとると定員以下になっていればよいので，

$$\sum_{j=1}^{N} x_{ij} \leq c_i$$

がすべてのクラスi ($1 \leq i \leq L$)について成立することと表現される．また，「条件2：各学生は一つのクラスしか履修できない」は，一つの列について和

	1	2	$\cdots$	j	$\cdots$	N
1	x_{11}	x_{12}	$\cdots$	x_{1j}	$\cdots$	x_{1N}
2	x_{21}	x_{22}	$\cdots$	x_{2j}	$\cdots$	x_{2N}
$\vdots$	$\vdots$	$\vdots$		$\vdots$		$\vdots$
i	x_{i1}	x_{i2}	$\cdots$	x_{ij}	$\cdots$	x_{iN}
$\vdots$	$\vdots$	$\vdots$		$\vdots$		$\vdots$
L	x_{L1}	x_{L2}	$\cdots$	x_{Lj}	$\cdots$	x_{LN}

図 1.2 クラス（1～L 行）と学生（1～N 列）の対応表

をとると正確に 1 になることを意味するので，

$$\sum_{i=1}^{L} x_{ij} = 1$$

がすべての学生 j $(1 \leq j \leq N)$ について成立することと表現される．

次に，学生の満足度を表現するための評価尺度を導入する．学生 j がクラス i にクラス分けされたときの満足度を表す値を p_{ij} としよう．例えば，第 3 希望まで提出する場合には次のように設定することができる．

$$p_{ij} = \begin{cases} 100 & \text{学生 } j \text{ の第 1 希望がクラス } i \text{ のとき} \\ 40 & \text{学生 } j \text{ の第 2 希望がクラス } i \text{ のとき} \\ 1 & \text{学生 } j \text{ の第 3 希望がクラス } i \text{ のとき} \\ -10^6 & \text{学生 } j \text{ の希望ではないとき} \end{cases}$$

これらの値はあくまで一例であって，100, 40, 1, -10^6 はそれぞれ「よかった！」「ま，いいか」「なんだかなぁ」「ざけんな！」という気持ちに対応する値を感覚的に割り当てたものである．実際，100 が 1000 でも構わないし，

-10^6 は本当は $-\infty$ にしたいくらいなのだが,無限大は値ではなく概念的なものなので,適当に大きい負の値を割り振っている.

とにかくこれにより,クラス分けに対する学生全体の満足度 z を次のように表現できる.

$$z = \sum_{i=1}^{L} \sum_{j=1}^{N} p_{ij} x_{ij}$$

この z(目的関数と呼ばれる)を最大にする x_{ij} $(1 \leq i \leq L, 1 \leq j \leq N)$ を条件 1 と条件 2 の制約のもとに求めればよい.

自動化 以上のように,なすべきことは目的関数 z の最大化である.

(1) Input L, N, c_i, p_{ij} $(1 \leq i \leq L, 1 \leq j \leq N)$.

(2) Find $x_{ij} \in \{0, 1\}$ that maximizes $z = \displaystyle\sum_{i=1}^{L} \sum_{j=1}^{N} p_{ij} x_{ij}$

   subject to $\forall i$ $\displaystyle\sum_{j=1}^{N} x_{ij} \leq c_i$ and $\forall j$ $\displaystyle\sum_{i=1}^{L} x_{ij} = 1$.

(3) Output x_{ij} $(1 \leq i \leq L, 1 \leq j \leq N)$.

ステップ (2) で,最大となるような x_{ij} を求めるとは書いたが,これはそれほど簡単なことではなく,一般には総当たり(しらみつぶし)と本質的に変わらない求め方しかない.ここで,元の状況に戻ってよく考えれば,$L = 150$,$N = 2400$ であるから,$x_{ij} \in \{0, 1\}$ の割り当てパターンは,条件 1(クラス定員)を無視した単純見積りで 150^{2400} 通りとなる.これは概ね 4×10^{5222} 通りにもなり,この宇宙のビッグバンと同時に 1 テラ通り/秒のペースでチェックを始めたとしても,現在なおしらみつぶしは終了していないどころか,ほんの始まったばかり,という果てしないことになる.

実はこれは,$x_{ij} \in \{0, 1\}$ と制限していることによる.そこで,$0 \leq x_{ij} \leq 1$ と制限を緩和すると「線形計画問題」と呼ばれるよく知られた問題となり,効率的な(総当たりではない)アルゴリズムも知られているので,それを使えばよい.特に本問題の場合,制限を緩和して線形計画問題のアルゴリズムで得た解 x_{ij} が,都合よく 0 または 1 になることが知られている [7].

1.2.3 補助貨幣の大改革

例 題 1.3 素数が大好きな首相が現在の補助貨幣 1 円, 5 円, 10 円, 50 円, 100 円, 500 円を廃止して, デザインも新たに 3 円, 7 円, 13 円, 57 円, 107 円, 503 円の硬貨による補助貨幣体系に変更すると言い出した. 私はスーパーのレジをバイトで担当しているのだが, お釣りがうまく支払えるかとても不安. もしかして, 硬貨だけでは支払えない金額があるのでは??

抽象化 この問題には自明な解がある. それは, 1 円と 2 円である. したがって, 硬貨だけで支払えない金額は確かに存在するのだが, 他にも払えない金額があるかもしれない. それを問題にしている. だいたい, 2 も素数なのに仲間外れにするなんて, かわいそうである. 一方, この金額は硬貨だけで払えるだろうかと考え込んでしまうことは, 不安ではなくむしろ知的な楽しみであることが指摘されており [19], その観点からはそう悪い体系というわけでもない. 以下, 文献 [19] の明快な解説に沿って紹介しよう2).

まず, 問題の本質を抽象化する. 正整数の有限集合 $A = \{a_1, a_2, \ldots, a_d\}$ を一つ固定し, A には共通因子がないとする (すなわち $\gcd(a_1, a_2, \ldots, a_d) = 1$ であるとする). このとき, 非負整数 n が A で**表現可能**であるとは, ある非負整数 $m_1, m_2, \ldots, m_d$ が存在し,

$$n = m_1 a_1 + m_2 a_2 + \cdots + m_d a_d$$

であることと定義する. 本問題は, 与えられた n (≥ 0) が A で表現可能かどうか判定することである.

自動化 A を固定して任意の n が与えられたとき,

$$n = m_1 a_1 + m_2 a_2 + \cdots + m_d a_d$$

を満たす非負整数 m_i $(1 \leq i \leq d)$ を効率的に求める方法は, 実は知られてい

---

2) 文献 [19] では, 数多くの数え上げ問題, 組み合わせ論の問題, 整数論上の問題が「多面体の幾何学」の観点から詳しく論じられている. ここで取り上げている「お釣り構成問題」も第 1 章で詳しく論じられているので, 興味のある読者はぜひ参照されたい.

ない.

　注意してほしいのは，m_i $(1 \le i \le d)$ が非負整数ではなく単に整数（負の整数を含む）であるならば，話は全く違う点である．古典的な1次不定方程式の研究で知られている事実であるが，m_i が存在するための必要十分条件は，$\gcd(a_1, a_2, \ldots, a_d)$ が n を割り切ることである．この問題の場合，a_1, $a_2, \ldots, a_d$ はすべて素数なので，$\gcd(a_1, a_2, \ldots, a_d) = 1$ であり，常に n を割り切る．したがって，m_i は整数の範囲に必ず存在する．しかしながら，そのような m_i が実際に求められたとしても，例えば3円玉を -2 枚と7円玉1枚を合わせて1円を支払うことは，普通の人にはできない.

　一方，A で表現可能ではない整数は有限個しか存在しないこともわかっている[3]．その中で最大のものを $g(a_1, a_2, \ldots, a_d)$ で表すことにすると[4]，$d = 2$ については $g(a_1, a_2) = a_1 a_2 - a_1 - a_2$ という事実が知られているが，$d \ge 3$ については難しい状況にある[5].

　要するに，そのつど計算して判定するスタイルでの処理の定型化は，できることはできるが，総当たり的なことを試すのが精一杯である．効率的な自動化などを望むのは贅沢なことであって，現状ではどうにもならない（どうにかできるなら，それは素晴らしい発見である）.

　なお，別のスタイルによる処理の定型化を考えたとき，「A で表現できない n は有限個」という事実は現実的な対応の重要なヒントになる．すなわち，A では表現できない n の一覧表を作り（表の面積も有限である），レジの脇に貼り出しておくことが考えられる．硬貨だけで払えるお釣りかどうかは，この表を参照すればよい．しかしながら，A の中身によっては，一覧表は非常に大きな有限である可能性もあり，一般にはこれで効率的に処理の定型化ができるわけではない．通常，非常に大きな有限は無限より扱いにくい.

---

[3] 第3章の章末練習問題 3.51 を参照のこと.

[4] この最大の自然数 $g(a_1, \ldots, a_d)$ は，$a_1, \ldots, a_d$ に対する**フロベニウス数**と呼ばれる.

[5] 与えられた任意の $a_1, \ldots, a_d$ に対するフロベニウス数を求める問題は，（コインの種類数 d に制限がない場合は）計算量的な観点から見ても非常に困難であることが知られている.

1.3 補 足

1.3.1 抽象化の道具

　これらの例では，具体的な問題を数論ないし代数学の基本言語に対応させ，数式で表現して抽象化を行った．この他，日常に見出される問題を抽象化するときによく現れるものがある．それはグラフである．この場合のグラフとは棒や円や折れ線のことではなく，頂点の集合と，それらの結びつきの様子を表す辺の集合で定義される概念である．一般にグラフ G は，頂点集合 $V = \{v_1, \ldots, v_n\}$ と辺集合 $E = \{(v_i, v_j)\} \subseteq V \times V$ を使って $G = (V, E)$ と表される．辺に向きをつけたり，重みをつけることもある．グラフの性質に関する事実を解明する科学はグラフ理論と呼ばれており，計算機科学や数学の一分野となっている．

　グラフはさまざまな問題の抽象化に際して最も基本的な道具として普通に使われており，高等学校の教科情報の教科書にも取り上げられているのだが，言葉の準備が必要なので前節の具体例には含めなかった．例えば，地理的に離れたいくつかの地点をトラックが最短経路で回って元の地点に戻る問題や，同様の状況で，最短ではないかもしれないが経路のガソリン代も勘案して最経済経路を考える問題などはどれもグラフで抽象化できて，グラフ理論の成果を適宜，適用することで処理の自動化がなされる．ただし自動化とはいっても，本質的に総当たりでしか対応できないような事態も含まれる．

　問題解決の話とは少し離れるが，蕎麦屋・寿司屋など出前をする業界では昔から，複数の客を回るときには「出前は近くから，（丼・桶などの）回収は遠くから」という知恵が引き継がれてきた．この知恵の妥当性は直観的に明らかではあるが，グラフでモデル化してみると上記の最経済経路の問題に還元され，論理的に検証できる．

1.3.2 計算の難しさ

　具体例の中で，総当たりの計算が意外に時間を要することに触れた．総当たりは，ほとんど何も工夫をしていないアルゴリズムである．ビッグバンの時点から計算を開始しても終わらないケースが現れたように，効率的ではない（も

ちろん，効率がすべてであるかのような原理主義的な価値判断をする意図はない）．

　例えば，与えられた自然数 n が素数であるかどうかを判定する問題を考える．一つの解決策として，n を素因数分解するという方法がある．これは，n を割り切る因数 d $(1 < d < n)$ を見つけようというもので，実際に見つかれば素数ではなく，見つからなければ素数と判定できる．しかし，素因数分解は難しく，計算に非常に時間を要する．何しろこれが難しいおかげで現代暗号が成立し，インターネット上での認証や秘密通信などが機能しているくらいである．計算時間の見積もりは，総当たりよりはひどくないが，総当たりに近い「準指数関数時間」と呼ばれる量になっている．何の関数かというと，n を2進数で表したときの長さ（ビット長）の準指数関数である．

　しかし，非常に洗練されたアルゴリズムを用いると，「多項式時間」で確定的に判定できる．多項式とは n のビット長の多項式，確定的とは判定に誤りがないという意味である（乱数を使う別のアルゴリズムもあり，その場合は判定に間違いが発生する可能性が僅かにある）．n を大きくすると，指数関数はどんな多項式より大きくなるので，多項式時間のアルゴリズムの方が高速アルゴリズムと評価できる．

　CT では，アルゴリズムの独自開発までは求めていないが，採用するアルゴリズムによって，自動化の結果としての効率は差が出ることになる．ただし，繰り返しになるが，効率がよくないことがよくない自動化というわけではない．

　このように問題の難しさを研究する学問は，計算量理論と呼ばれる計算機科学の一分野である．その最高峰の未解決問題は「P $\neq$ NP 予想」である．これは直観的にいうと，本質的に総当たりと同じ方法しか解法が見つかっていない問題の集合 (NP) と，多項式時間で効率的に解ける問題の集合 (P) は一致していない，ということを証明しようというものである．もし一致しているなら何でも効率的に解けてしまうが，多くの計算機科学者は一致していないと予想している．現在なお，研究が続けられている．

1.3.3 連続と離散

　グラフの説明で紹介した具体例も含めて，それぞれ異なる文脈のもとで問題として認識され，また抽象化の結果も処理手順の自動化の難しさにも個性があるが，どれも離散的な抽象化がなされている点が共通している．離散的とは，実数に対する整数のように，連続するものではなく不連続なとびとびの概念を指す．例えば例題 1.1 から例題 1.3 の自動化で，有限個の入力は連続量ではなく，すべて離散的な量となっている．実は計算機科学は，離散的なモデルが得意である．まあ，ディジタル社会だからね，というのは因果律を無視した転倒した観測で，離散が得意な計算機科学の成果が社会に織り込まれた結果が，ディジタル社会である．

　なお私たちの日常生活が，連続する実数よりは離散的な整数の方に密着しているかというと，それはよくわからない．例えば体重は，実数軸上を連続して上下する．その意味で実数と密着しているが，観測される体重は多くの場合，有理数（整数の比）である．文献 [6] が指摘するように，「私の体重は有理数か無理数か心配で」と悩む人は多くはない．

　ただし，データサイエンスの分野など，問題の抽象化や解決に確率や統計量が関係すると，たとえ計算機科学の流儀でといっても，整数や有理数の世界からはみ出すことのほうが多い．標準偏差を求めるのに平方根が使われたり，確率密度関数の積分などが現れるからである．このように，統計量が深く関係する問題を計算機科学の流儀で解決する一例として，異常検知技術と著者判定技術を，この補足の最後に簡単に触れておこう．

　異常検知とは，日常のパターンを知った上で，そこから逸脱するデータを見出すことである．例えば，ネットワークに接続されたサーバのセキュリティを向上させたい，という問題を考える（目標の達成を検討するのだから確かに問題解決である）．このとき，まず各利用者の日常行動を十分に学習し，特徴を把握する．その上で，普段はログインしない時間にログインする利用者を見つけたり，普段は見向きもしないアプリケーションに急に興味を示す利用者が現れるなど，いわゆる「外れ値」を検出した場合，それが統計的に確かに異常と確信されるレベルのときに侵入警報が出るようにすれば，セキュリティは向上する（詳しくは文献 [15]）．

別の例として挙げた著者判定とは，計量文献学のテクニックである．計量文献学は 19 世紀に成立した学問であるが，現代では分析の科学と技術を通じて計算機科学と共鳴している．例えば，ある人物 A の著書 X が本当は別の人物 B が書いたものではないかと疑われる場合，これを決着したいという問題を考える．このとき，A の著書 X に記されている言葉の多角的な統計量を計測し，B の論文や著書の文章も同様に計測し，両者の統計的距離を検討することになる．シェークスピアとフランシス・ベーコンは同一人物かどうかなどの（統計的）決着に応用されている [13].

1.4 まとめ

これまで概観したように，CT とは，計算機科学の流儀による問題解決であって，問題の抽象化と処理の自動化という「二つの A」と呼ばれるステップから成る．そのスキルは 21 世紀を生きるすべての人に必須と考えられており，児童から学生まで広範囲に教育が展開されている．

文献 [32] で指摘されているように，CT は現実世界の問題を抽象化して解決を目指すという意味で，数学的思考 (mathematical thinking)[24] とも相当に重なっている[6]．ただ，CT は自動化の段階でアルゴリズムを導入し，数学的な解決を手順記述という形にして別の洗練を図っている点が特徴的である．

本書では，主に日常に取材したさまざまな問題を取り上げ，それに対して「二つの A」を施す．その意味で CT の事例集を兼ねた演習書といえる．ケーススタディの利点は，多くの事例に接して考えることで，帰納的な一般化・普遍化の能力が開発される点である．本書を通じて CT の基本スキルが獲得されると同時に，本書を離れて新たな問題に直面したとき，すでに獲得している普遍をその問題に速やかに適用できるスキルも自然に育まれているはずである．

---

6) 文献 [24] では，主に高校を卒業して大学レベルの数学やそれに関連する分野に足を踏み入れる（踏み入れた）であろうという読者を想定して，数学的に考えるスキルについて解説している．単に数学の問題を「解く」ためのスキルではなく，どのような態度・アプローチで物事を考えるのかという意味でのスキルである．

—第2章—

準備編：
プログラミングの基礎知識

　第1章でも説明された通り，CTは問題を抽象化，モデル化して解析し，最終的には自動処理による解決手続き（アルゴリズム）を構成するという思考スタイルである．自動処理といえば，まさにコンピュータが得意とするところであり，適切に使えばコンピュータは多くの場面で問題解決の強力な道具となりうることは周知の通りである．

　しかし，CTは何もコンピュータが得意とする数理的な問題の解決だけに限定されるものではない．そして，第1章でも述べられた通り，CTにとってアルゴリズムをプログラム（ソフトウェア）またはハードウェアという形で現実のコンピュータ上で実装するという製作技術的な部分は，あくまで一つのオプションである．それに，CTにおける自動処理では，それを実行するものが現実のコンピュータであることを前提にする必要はない．

　本書における我々の主眼は，第1章で述べられた「二つのA」に当たる一連の思考スキルであり，実装スキルではない．それでは，ここでプログラミングの基礎について学ぶことが，CTを学ぶ上ですっかり無意味であるかといえば，決してそうではない．技術的困難がそれほど障壁にならないような事例であれば，問題解決のためのアルゴリズムを考え，それをプログラムという形で記述して実際にコンピュータに実行させるところまでを通して演習してみれば自動処理とはどのようなものかを実体験することができるし，このような体験を通じて自動処理というものの感覚をいくらかでもつかむことができる．特

に，限られた道具や動作指令の組み合わせによって一定の機能を実現するものを実際に自分で製作するという体験は，「二つの A」のスキルを育てるためにもきっと役に立つはずだ．

そこで本章では，事例演習に入る前の準備運動として，いくつかのシンプルな例題を用いて，実際に自動処理の手続きをプログラムという形で記述して実行してみるところまでを実体験してみよう．本章で扱う題材は，例えば

- ○○の総和を求める．
- ○○を満たす△△の中から最大値（または最小値）を見つける．
- ○○の中から△△を探し出す．
- ○○の個数を数える．

などという，問題解決の現場で頻繁に用いられる典型的な手続きのみに限定されている．また，例題自体も，アルゴリズムを比較的容易に構成できるものだけを取り扱っている．

本章では，現存する多くのプログラミング言語に共通して含まれている基本的な概念が紹介されている．ただし，繰り返しになるが，我々の主眼はプログラミング技術そのものにあるわけではない．プログラミングは自動処理をコンピュータという道具を用いて実体験するための手段である．もちろん，プログラミング技術には，それ自体にたとえ CT の文脈を離れても価値があるので，それを軽視するつもりはない．しかし，それは本書における我々の主眼ではないというだけであり，CT はプログラミングのスキルであるという誤解に陥らないために，ここであえて注意を促すものである．

なお，本章では Python の利用を想定してプログラム例を記述している．しかし，Python の解説を目的としているわけではないので，Python の文法などに関する細かい説明については最低限にとどめている．

2.1 変数と代入

一般に，プログラミング言語にはプログラムの動作中に一時的に何らかのデータを記憶しておく**変数**という道具がある．物事を処理していく上で一時的に

何らかの記憶に頼ることはごく普通のことであるが，プログラミングでは変数がその「記憶」の役目を担うわけである．まず手始めに，簡単な例題を通して変数の使い方を見てみよう．

例題 2.1　次のようなプログラムを記述せよ．

- 2桁の自然数 n を一つ入力する．
- n の 10 の位と 1 の位を入れ替えた数を出力する．例えば，$n = 52$ の場合，出力は 25 である．

このような処理を行うためには，「入力される自然数 n」「n の 1 の位および 10 の位」などの値をどこかに覚えておく必要があるが，そのために変数を使用する．変数に関する基本的なルールとしては，次のようなものがある．

- 変数はそれ固有の名前（**変数名**）を持っている．
- 変数には，数値や文字列などの何らかの値を覚えさせることができる．変数に値を格納する操作を**代入**という．
- 変数は一度に一つの値を覚えておくことができる．ある変数に何か値を代入すると，その変数がそれまで覚えていた値は破棄されて，新しく代入された値に置き換わる．

ここでは，次の三つの変数を使用する．

- 入力される 2 桁の自然数 n を保持する変数 n．
- n の 1 の位の数を保持する変数 one．
- n の 10 の位を保持する変数 ten．

まずはプログラムリストの一例を **Program 2.1**（次頁）に示して解説に入ろう．

1 行目は，自然数 n を入力してそれを変数 n に格納するという一連の動作である．input は「入力する」という意味の命令であり，"give me n:" というメッセージを表示するとともに，キーボードからの入力を受け付けるという

Program 2.1

```
01: n=int(input("give me n:"))
02: one=n%10
03: ten=(n-one)//10
04: print("answer=",10*one+ten)
```

動作をする．例えば，キーボードから値52が入力されたとき，この値が変数 n に格納されるようにしたいのである．ただし，Python では input 命令で受け取った値は**文字列**として扱われるので，それを int 命令で明示的に数値に変換するという一手間が必要である[1]．こうして，入力された値52は一度文字列として受理され，その後数値に変換されて，変数 n に数値52が保存される．

次に，2行目の記述に注目しよう．

> one=n%10

これは「両辺が等しい」という意味を表す等式ではなく，変数に値を保存する**代入操作**を表す文であり，次のように実行される．

(1) まず，右辺の n%10 が計算される．ここで，% は「○を△で割った余り」を表す記号である．つまり，n%10 は「n を 10 で割った余り」である．例えば，n = 52 であるとき，n%10 は52を10で割ったときの余りだから2となる．これで，n = 52 の1の位の数字2が求められた．なお，この計算によって n が保持する値52は変化しない．

(2) 右辺で計算された値が左辺の変数 one に保存される．例えば，n = 52 の場合には，one には最終的に2が保存される．

3行目の

> ten=(n-one)//10

も同じく代入文である．2行目が終わった時点で，one は n の1の位を保持し

---

[1]   int 命令は受け取った入力を integer（整数値）に変換する働きをする．

ており，n-one は n の 1 の位を 0 に置き換えた数である．例えば，n = 52 の
場合，n-one は 52−2 = 50 である．それを 10 で割ることで，(52−2)/10 = 5
のようにして n の 10 の位の数字が得られる．ここで，// は除算記号である
が，計算結果は整数型のデータになる[2]．最終的に，この値 5 が左辺の変数
ten に保存される．この処理で，n や one の値自体は変わらない．

さて，ここまでの処理で，one と ten にはそれぞれ n の 1 の位と 10 の位
の数字が入っている．最終的には，one が 10 の位，ten が 1 の位となる自然
数を出力すればよいが，その値は 10*one+ten で得られる．ここで，* は乗
算記号である．なお，* を省略して 10one+ten と書いてはいけない．最初の
10one の部分が一つの変数名のように解釈されてしまうからである[3]．

4 行目の print 命令は，指定された値を出力するという意味の命令である．
ここでは，最終的な答えとなる 10*one+ten の値を "answer=" というメッセ
ージとともに出力している．ここでプログラムは終了である．

補足 2.2　数学では，a を $n(\neq 0)$ で割ったときの商 q と余り $r = a \bmod n$ は関係式

$$a = nq + r, \quad r \in \{0, 1, 2, \ldots, |n| - 1\} \tag{2.1}$$

で定義されるのが普通である．特に，余り r は 0 から $|n| - 1$ までの値となる．しかし，
プログラミング言語によっては，特に負の数が絡んでくるときにこれと異なる剰余体系が
採用されていることもある．例えば，Python では次のように計算される．

$$10 \% 3 = 1,$$
$$(-10) \% 3 = 2,$$
$$10 \% (-3) = -2,$$
$$(-10) \% (-3) = -1.$$

式 (2.1) の定義に従えば，$10 = (-3) \times (-3) + 1$ なので，10 を −3 で割ると商は −3 で
余りは 1 である．しかし，Python では余りの符号が除数の符号に一致するように計算さ
れ，$10 = (-3) \times (-4) - 2$ から余りは −2 であると出力される．同様に，式 (2.1) では
$-10 = (-3) \times 4 + 2$ なので −10 を −3 で割ると商は 4 で余りは 2 であるが，Python で
は $-10 = (-3) \times 3 - 1$ だから余りは −1 であると出力される．　□

---

[2]　例えば 12/3 は 4.0 であるが，12//3 は 4 である．細かい話になるが，データの種類
　　（データ型）としては，前者は実数型であり，後者は整数型である．
[3]　実際には，Python では数字から始まる変数名は使用できないので文法エラーになる．

練習 2.3　例題 2.1 で, 入力される数 n が 3 桁の自然数であり, n を逆から読んだ自然数を出力する場合はどのようにすればよいか？　例えば, 入力 $n = 346$ に対して 643 が出力されるようにする.

2.2　反復処理

　前節で見た「変数」の仕組みを利用すれば, プログラムの実行中に生じるさまざまな情報を一時的に記憶しておくことができる. しかし, それだけではあまり複雑な処理を記述することはできず, ごく簡単なことしか実行できない. もっと複雑な処理を実現するためには, 処理の流れを制御する構造が必要である. この節ではそのような構造の一つとして,「一定範囲の処理を何回か繰り返す」という**反復処理**の構造を, いくつかの例題を通して学ぶ.

例題 2.4　通帳の中に n 円入っている状態からスタートして, ATM でお金の出し入れを 10 回行った. その結果, 通帳の残高がいくらになったかを出力するプログラムを作成せよ. すなわち,

- 最初に自然数 n を一つ入力する.
- その後, 整数を 10 個連続で入力していく. ただし, 0 以上の入力は「預け入れ」であり, 0 未満の入力は「引き出し」である.
- そして, n と入力された 10 個の整数らの総和を出力する. ただし, 負の数は負債（借金）があることを意味する.

　この例題では,「整数を入力して, その都度通帳に加える」という処理を, 10 回反復して行うことになる. ここでは Python の for 構文を例にとって, 反復処理について解説しよう. **Program 2.2** を参照してほしい.

　注目ポイントは 2 行目から 4 行目にかけての for 構文である（図 2.1）. まずは 2 行目の記述を見てみよう.

```
for i in range(1,11,1):
```

ここに現れる変数 i は**ループ変数**などと呼ばれ, この変数 i が range(1,11,1)

Program 2.2

```
01: n=int(input("give me n: "))
02: for i in range(1,11,1):
03:     num=int(input("give me m: "))
04:     n=n+num
05:
06: print("result=",n)
```

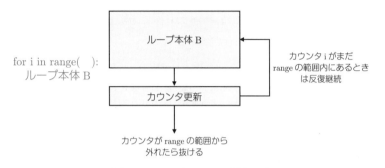

図 2.1　Python における for 構文の動き

で指定される範囲を動く間は反復処理を継続するという意味になる．なお，range(a,b,c) は「a から始まり，c ずつ増えながら，b の寸前まで」という範囲を意味する記述である（ただし最終値 b 自身は範囲に含まれない）．例えば，range(1,11,1) は「1 から始まり 1 ずつ増えながら 11 の寸前まで」という範囲なので，具体的には 1, 2, 3, 4, 5, 6, 7, 8, 9, 10 という範囲を意味する．最後の 11 は含まれていないことに注意しよう．

　ループ本体は頭下げ（インデント）で記述された 3 行目と 4 行目であり，この部分が反復して実行される．このインデントは，3 行目と 4 行目が for ループの支配下にあることを明示している[4]．

　以上から，2 行目から 4 行目にかけての記述で，「ループ変数 i が 1 から 10 まで，1 ずつ増加しながら，3 行目と 4 行目の処理を繰り返し実行する」とい

---

4)　Python では，このようにインデントによって一つのブロックの範囲を明示するという文法規則を採用している．なお，5 行目が空行になっているのは単にプログラムリストを見やすくするための措置であり，文法上必須の約束事ではない．

う意味になる．これで 3 行目と 4 行目の処理が 10 回繰り返して実行されることになる．これが for 構文の典型的な，最も基本的な使い方である．

ループ本体でやっていること自体は簡単であり，3 行目で入力される数 num を受け取って，4 行目でそれを通帳 n に加えているだけである．なお，4 行目の記述 n=n+num は，(i) 右辺の和 n+num を計算して，(ii) その結果を改めて n に保存するという動作であり，これによって n の値は num だけ増加（または減少）する．

for ループが終わった直後の時点（6 行目）で通帳 n に残っている残高を出力して終了している．

補足 2.5 (1) **Program 2.2** では，num の中身が新しく入力されてくる値に次々に更新されていくが，各々入力されてくる値は，一度それを通帳 n に加えてしまえば，もうそれ以降はその値を覚えておく必要はない．つまり，入力されてきた値の履歴を覚えておく必要はない．よって，10 個の入力を受け取るという処理であっても，それのために 10 個の変数を別々に用意する必要はなく，一つの変数 num を何回も再利用できる．

(2) 通帳の初期値として n=0 を指定しておくと，このプログラムは単純に「入力された 10 個の整数の総和を求める」処理を行うことになる．　　　　　　　　　　　□

練習 2.6　二つの整数 a, d と自然数 n を入力とし，初項 a，公差 d の等差数列の初項から第 n 項までの値を順番に出力するプログラムを記述せよ．

練習 2.7　いくつかの整数を連続して入力して，初めて負の数を入力した時点で入力を打ち切る．

(1) 何個の整数が入力されたかを数えて，その個数を出力するプログラムを記述せよ．
(2) 入力された整数たちの平均値を出力するプログラムを記述せよ．

ただし，最後に入力された負の数は考慮に入れない．

例題 2.8　次のようなプログラムを記述せよ．

- 自然数 n を一つ入力する．
- n を逆から読んだ自然数を出力する．例えば，入力が $n = 31522$ ならば，出力は 22513 である．

これは例題 2.1 や練習 2.3 の類題であるが，ここでは n が 2 桁であるとは限

定されておらず，あらかじめ n の桁数がわかっているわけではないところが少し厄介である．「1 の位から順番に数字を取り出していく」という考え方自体は例題 2.1 と似たようなものであるが，この処理を n の桁数分だけ繰り返すことになる．基本戦略は，概ね次の **Algorithm 2.1** の通りである．

Algorithm 2.1 例題 2.8 のアルゴリズム

Input: 自然数 n.

Output: n を逆から読んだ自然数.

1: 変数 ans を用意して，あらかじめ 0 をセットしておく．
2: n の 1 の位の数字を求めて，それを変数 one に覚えておく．
3: ans の末尾に 2: で求めた one を追記する．
4: n の 1 の位を削除する．
5: この時点で n が 0 になっていなければ 2: へ戻る．そうでなければ次に進む．
6: ($n = 0$ になっているとき) この時点での ans の値を出力して終了する．

イメージをつかむために，例として $n = 354$ のときの処理過程を見てみよう．最初は ans $= 0$ である．

2: $n = 354$ の 1 の位を求める (one $= 4$).
3: ans の末尾に one を追記する．この処理は，$10 \times$ ans $+$ one の値を改めて変数 ans に代入することで行われる．今の時点では，ans $= 0$, one $= 4$ なので，$0 \times 10 + 4 = 4$ が改めて ans に保存される．この時点で，ans の中身は 0 から 4 に変わる．
4: $n = 354$ の 1 の位が削除されて，n の値が 35 に更新される．
5: $n = 35$ は 0 でないので，2: に戻る．そして，$n = 35$ の 1 の位 one $= 5$ が取得される．
3: $10 \times$ ans $+$ one が計算されて，その値が改めて ans に保存される．現時点では ans $= 4$, one $= 5$ なので，ans $= 4 \times 10 + 5 = 45$ となる．ans $= 4$ の末尾に one $= 5$ が追記されて，ans $= 45$ になったことに注目しておこう．
4: $n = 35$ の 1 の位が削除されて，n の値が 3 に更新される．

5: まだ n は 0 になっていないので，2: に戻り，$n = 3$ の 1 の位 one $= 3$ を取得する．

3: $10 \times$ ans $+$ one の値が計算され，この値が改めて ans に格納される．現在は ans $= 45$, one $= 3$ なので，ans $= 45 \times 10 + 3 = 453$ となる．この時点で，ans の中身は 45 の後ろに 3 が追記されて 453 に変わる．

4: $n = 3$ の 1 の位を削除する．ここで n はすべての桁を削除されたので 0 になる．

5: $n = 0$ なので，2: には戻らずに，そのまま 6: に移行して，この時点での ans $= 453$ を出力して停止する．

このように，2:～5: が繰り返し実行される．この戦略に基づいたプログラムを **Program 2.3** に書いておこう．

Program 2.3

```
01: n=int(input("give me n:"))
02: ans=0
03:
04: while n>0:
05:    one=n%10
06:    ans=ans*10+one
07:    n=(n-one)//10
08:
09: print("result=", ans)
```

ここでは，反復処理構文として，4～7 行目で while ループを利用している．Python における while ループの基本形は次の通りである（図 2.2）．

```
while（条件 A）:
    （ループ本体 B）
```

これで，条件 A が満たされている間はループ本体 B の処理を反復実行して，条件 A が破れた時点で反復を終えるという動きをする．while ループでは，まず条件 A の成否を判断して，「成立」の場合はループ本体 B を 1 回実行す

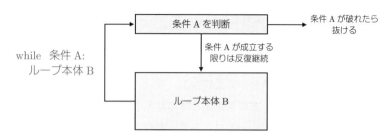

while 条件 A:
　　ループ本体 B

図 2.2　Python における while 構文の動き

るという処理を繰り返す．つまり，A の判断 → B の実行 → A の判断 → B の実行 → ⋯，という処理を繰り返すことになる．そして，最初に A が不成立と判断された時点で繰り返しを抜ける[5]．今の場合には，条件 A は n>0 なので，変数 n の値が 0 よりも大きい間はループ本体 B（5〜7 行目）が繰り返されることになる．ここでも，先ほどの for 構文と同じように，ループ本体 B に当たる 5〜7 行目は頭下げされていることに注意しておく．

　ループ本体 B では，先ほどの **Algorithm 2.1** で示した 2:〜4: の処理を行っている．なお，while ループに入る前の 2 行目で変数 ans は 0 に初期化されていることに注意しておく．

- 5 行目では，現時点での n の値から 1 の位の数 one を取得している．(2:)
- 6 行目では，変数 ans の末尾に先ほど取得した 1 の位の数 one を追記している．(3:)
- 7 行目では，n から 1 の位 one を削除している．(4:)

そして最後に，9 行目で最終結果 ans を出力してプログラムが終わる．

例題 2.9　与えられた二つの整数 a, b に対して，最大公約数 $\gcd(a, b)$ を求めるプログラムを記述せよ．

---

5)　最初に A を判断した時点でいきなり不成立だった場合には，B を一度も実行せずループを抜けてしまう．一方で，いつまで経っても A が破れない場合には，永遠に終わらない**無限ループ**に陥る．ただし，理屈の上では無限ループに陥る場合でも，計算機の記憶容量の限界などの理由から途中でエラーによって終了する場合もある．

　最大公約数 $\gcd(a,b)$ を求めるには，a と b の素因数分解を利用するというごく素直な方法があるが，1.3.2 項でも触れられたように，素因数分解を求めるという処理には，a や b が大きな数になってくると現在のところ洗練された方法を用いても多大な計算量が必要になる．幸い，素因数分解に基づく方法よりもっと手軽な**ユークリッドの互除法**と呼ばれる手法があるので，ここではそれを紹介しよう．互除法は次の簡単な事実に基づいている．

命題 2.10　$a,\ b$ を整数（ただし $b \neq 0$）とし，a を b で割った余りを $r = a \bmod b$ とすると，符号の違いを無視すれば $\gcd(a,b) = \gcd(b,r)$ である．

証明　a を b で割った商を q, 余りを r とすると，$a = bq + r$ である．
　$d = \gcd(a,b)$, $d' = \gcd(b,r)$ とおいて，（符号の違いを無視して）$d = d'$ であることを示せばよい．$a,\ b$ はともに d の倍数であるが，$r = a - bq$ なので，r もまた d の倍数である．よって d は b と r の公約数であるが，d' はそれらの最大公約数なので，$d|d'$ である[6]．
　$b,\ r$ はともに d' の倍数であるが，$a = bq + r$ なので，a も d' の倍数である．よって，d' は a と b の公約数であるが，d はそれらの最大公約数なので，$d'|d$ でもある．以上から，（符号を無視すれば）$d = d'$ である．　□

　さらに，$b = 0$ のときは

$$\gcd(a,0) = a \tag{2.2}$$

である（これはすべての整数は 0 の約数であること，同じことだが 0 はすべての整数の倍数であることによる）．これらのことを用いると，次の例のようにして最大公約数を計算することができる．

例 2.11　$a = 108, b = 45$ に対して $\gcd(108,45)$ を計算する．

- $108 = 2 \times 45 + 18$（108 を 45 で割ると商が 2, 余りが 18）なので，命題 2.10 から $\gcd(108,45) = \gcd(45,18)$ である．
- $45 = 2 \times 18 + 9$ なので，同じく命題 2.10 から $\gcd(45,18) = \gcd(18,9)$ である．

---

6)　$x|y$ は「x は y の約数である」という意味である．

- $18 = 2 \times 9 + 0$ なので，命題 2.10 から $\gcd(18,9) = \gcd(9,0)$ である．
- そして式 (2.2) から，$\gcd(9,0) = 9$ である．

以上から，

$$\gcd(108,45) = \gcd(45,18) = \gcd(18,9) = \gcd(9,0) = 9$$

である．第 2 項目の値が $45 \to 18 \to 9 \to 0$ のように減少しているが，このように第 2 項目の値はステップを踏むごとに着実に減少していき，最後には必ず 0 にたどり着くことに注意しよう．このおかげで，計算は必ず有限回のステップだけで終了し，無限ループには陥らない． □

　この具体例の計算手法を一般化すると，**Algorithm 2.2** のような戦略が得られる．それをプログラムの形式で書いたものが **Program 2.4** である．

　変数 a と b は，各々 $\gcd(\bullet, \bullet)$ の「第 1 項目」「第 2 項目」にくる値を保持する変数であり，変数 r は a を b で割った余りを保持する変数である（5 行目）．ここでも，メインの繰り返し処理を 4〜7 行目の while 構文で記述している．ループ継続条件 A は b!=0 と指定されているが，これは「b が 0 ではない」という意味である[7]．よって，この while 構文は，「b が 0 でない間は，

Algorithm 2.2　ユークリッドの互除法

Input: 整数 a, b.

Output: a, b の最大公約数 $\gcd(a,b)$.

　1: **for** $b \neq 0$ である間は 2:〜4: を繰り返す **do**
　2:　　　a を b で割ったときの余りを r とする．
　3:　　　変数 a に現在の b の値を代入する．
　4:　　　変数 b に現在の r の値を代入する．
　5: **end for**
　6:（$b = 0$ になったら）この時点での a の値を出力して停止する．

---

7) 記号 ! は否定の意味を表しており，多くのプログラミング言語では !A は「A ではない」という意味になる．ただし，Python では not A のように記述される．

Program 2.4

```
01: a=int(input("give me a: "))
02: b=int(input("give me b: "))
03:
04: while b!=0:
05:     r=a%b
06:     a=b
07:     b=r
08:
09: print("gcd=",a)
```

ループ本体（5〜7行目）を繰り返し実行する」という意味になる．最初に b が 0 になった時点で繰り返しを終わる．

2.3 条件判断

　ここでは，処理の流れを変えるもう一つの構造として，その時々の状況に応じてその後の処理を分けるという「条件判断」について取り上げる．例題 2.8 をさらに変形して，次の例題を題材にしよう．

例題 2.12　次のようなプログラムを記述せよ．

- 自然数 n と 1 桁の整数 $k \in \{0, 1, 2, \ldots, 9\}$ を入力する．
- n の桁の中に k が何個現れるかを数えて，その個数を出力する．例えば，$n = 35913$ のとき，$k = 9$ ならば出力は 1，$k = 3$ ならば出力は 2，$k = 4$ ならば出力は 0 である．

この問題に対しては，概ね次の **Algorithm 2.3** で示された手順をとればよい．簡単にいえば，n の 1 の位から順番に数を取り出して，それが k に一致していれば「カウンタを押す」という処理を繰り返すのである．n の桁を下位から順番に取り出すという処理には，例題 2.8 で述べた考え方を利用する．

Algorithm 2.3　例題 2.12 のアルゴリズム

Input: 自然数 n および $k \in \{0, 1, 2, \ldots, 9\}$.

Output: n の桁の中に k が何回現れるか？

1: カウンタ変数 count を用意して，値は 0 にセットしておく．
2: **for** n が 0 でない間は，次の 3:〜5: を繰り返す **do**
3:　　　n の 1 の位を求めて，それを変数 one に保存する．
4:　　　もし one が k に一致していれば，count を一つ増やす．
5:　　　n から 1 の位を削除する．
6: **end for**
7: （$n = 0$ になったら）この時点のカウンタ count の値を出力して終わる．

　ここで新たに出てきたのは，4: のように「もし○○ならば△△をする」という，条件判断の結果に応じて処理を分けるという仕組みである．実質的にすべてのプログラミング言語には，このような**条件分岐**を行う構文が備わっている．ここでは，Python の if 構文を例にとって，その使い方を簡単に説明しておこう（図 2.3）.

　if 構文では，まず「条件 A」に書かれている条件がその時点で成立しているか否かが判断される．もし条件 A が成立していれば，if の直後に書いてある「処理 B」の部分のみが実行される．もし条件 A が不成立であれば，else の直後に書いてある「処理 C」の部分のみが実行される．条件 A が不成立の場合に何も処理することがなければ，else 以下は省略できる．

　Algorithm 2.3 の戦略に従って例題 2.12 のプログラム例を記述してみよう（**Program 2.5**）．ここで特に注目してほしいのは 7〜8 行目である．

```
if one==k:
    count=count+1
```

判断にかかる条件 A は one==k であり，これは「one の値が k の値に等しい」という意味である[8]．また，条件 A が成立したときの処理 B に当たるのが 8

---
8) 等号 = は変数に値を代入する動作を意味するので，「等しい」を意味する本来の等号は == のように等号を二つ重ねて記述される．これは多くのプログラミング言語で採用されて

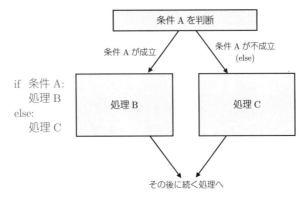

図 2.3 Python における if 構文の処理の流れ

Program 2.5

```
01: n=int(input("give me n: "))
02: k=int(input("give me k: "))
03: count=0
04:
05: while n>0:
06:     one=n%10
07:     if one==k:
08:         count=count+1
09:     n=(n-one)//10
10:
11: print("result=",count)
```

行目である[9]．ここでは条件 A が不成立のときには特に何もしないので，else
以下は省略されている．このように，この if 構文を読み解くと，

　n の 1 の位 one が k に等しければ，count+1 の値を改めて count に代入
　する（つまり，カウンタ count の値が一つ大きくなる）．そうでなけれ

　ば，何もしない

ということになる．よって，nの桁でkに一致するものが一つ現れるたびに，カウンタ count が一つずつ増えていくという算段になっている．なお，while 構文に入る寸前（3行目）でカウンタ count は初期値 0 にセットされていることにも注意しておこう．

補足 2.13　if-else 構文は，入れ子構造にすることができる．つまり，if および else の中に，さらに別の if-else 構文を組み込むことができる．例えば，図 2.4 の if 構文は次のような動作をする．

- 条件 A が成立している場合は，さらに続けて条件 B を判断する．その結果，B が成立していれば C を，そうでなければ D を実行して終わる．
- 条件 A が成立していない場合は，E を実行して終わる．

このように，A が成立しているという状況の中で，さらに条件 B による判断が行われ，その結果に応じて C と D に処理が分かれるという構造になっている．if-else 構文はこのようにして入れ子構造にすることができて，複雑な条件分岐を記述することができる．ただし，入れ子構文はやりすぎるとわけが分からなくなってくるので，ほどほどにしておくのがよいだろう．

　なお，入れ子構造にすることができるのは if-else 構文だけではなく，繰り返し処理構文も入れ子構造にすることができる．例えば，for 構文の中に while 構文を組み込むことができる．

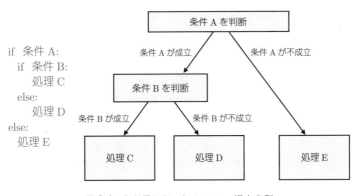

```
if 条件 A:
    if 条件 B:
        処理 C
    else:
        処理 D
else:
    処理 E
```

図 2.4　入れ子になった if-else 構文の例

```
for i in range(1,11,1):
    (A)
    while (B):
        (C)
```

この事例では，i が 1, 2, ... と変化するそのたびに，まず (A) が実行され，その次に while 構文がされる．その while 構文では，条件 (B) が成り立っている間は (C) が繰り返し実行される．　　　　　　　　　　　　　　　　　　　　　　　　　　□

練習 2.14　例題 2.4 を変形して，次のようなプログラムを考えよ．簡単な「家計簿」をつける．収入または支出を 10 回繰り返す．そして，収入の総計 income と支出の総計 outgo をそれぞれ計算して，もし income が outgo 以上であれば SAFE（収入の範囲内），そうでなければ OUT（支出過多）と判定する．つまり，

- 10 個の整数を連続して入力する．
- それらのうち，0 以上のものは「収入」と見なし，0 未満のものは「支出」と見なす．そして，収入の総計 income と支出の総計 outgo をそれぞれ求める（outgo も 0 以上となるようにせよ．例えば 0 未満の入力の総和が −5200 となったときには，outgo は 5200 である）．
- income と outgo をそれぞれ出力する．
- さらに，income が outgo 以上であれば SAFE と出力し，そうでなければ OUT と出力する．

例題 2.15　10 個の自然数が入力されたとき，それらのうちの最大値を出力するプログラムを記述せよ．

いくつかの数値データが与えられたときに，それらのうちの最大値や最小値を求めるという処理は，さまざまな問題の中で用いられうる基本的な処理の一つである．ここではごく自然で簡単な考え方に基づいて，最大値を求める方法を紹介しよう．今回はあえてアルゴリズムの記述は省略して，直接 **Program 2.6** を記述する．プログラムを読めば，どのようなアルゴリズムに従っているかはおおよそ見えてくるであろうことを期待している．

変数 num は次々に入力されてくる自然数を受け取るための変数であり，変数 i は for 構文で用いるループ変数である．そして，変数 max は「現時点で

Program 2.6

```
01: max=-1
02: for i in range(1,11,1):
03:    num=int(input("give me a number: "))
04:    if num>max:
05:        max=num
06: print("result=", max)
```

の暫定最大値」を保持する変数である.基本戦略は単純なものであり,次の処理を 10 回繰り返すだけである.

- 入力されてくる自然数 num を受け取る(3 行目).
- num と現時点での暫定最大値 max を比較する.そして,もし num の方が大きければ,暫定最大値 max は num に置き換えられる(4～5 行目).

つまり,暫定王者が次々に現れる挑戦者と戦い,挑戦者が勝つたびに暫定王者が入れ替わるということを繰り返しているだけである.そして,最後の時点で暫定王者席 max に保存されている値が真の最大値であり,それを 6 行目で表示している.なお,6 行目は for 構文からも if 構文からも独立している(外側にある)ことに注意しておこう.頭下げの分量を見れば判断できるはずである.

補足 2.16 1 行目では,最初の暫定最大値として −1 が設定されているが,ここでは入力される数 num は「自然数」であるとしているため,最初の対戦では必ず num が勝利して,暫定最大値 max は −1 から num に切り替わるようになっている.つまり,max の初期値は「十分小さな数」であればいいのであり,−1 という値そのものに本質的な意味があるわけではない. □

補足 2.17 繰り返し構文や条件分岐構文では,「○○が△△以上である」「○○かつ△△である」「○○ではあるが,△△ではない」などのさまざまな条件式を用いることが可能である.ここでは,例として Python における条件式の記述方法をいくつか表 2.1 に挙げておこう. □

表 2.1 Python における条件式の記述例

記述	意味	説明
A>B	A は B より大きい	
A>=B	A は B 以上である	
A<B	A は B より小さい	
A<=B	A は B 以下である	
A==B	A と B が等しい	等号 = は代入の意味で用いられる
A!=B	A と B が異なる	
A and B	A かつ B である	A と B がともに成立する時のみ成立
A or B	A または B である	A と B のうち少なくとも一方が成立すれば成立
not A	A ではない	A が成立ならば不成立，A が不成立ならば成立

2.4 リスト

リストとは，複数の変数を一つのグループにまとめて，その各々のメンバーを番号や何らかのインデックス（添字）で管理するための仕組みであり，概ねどのプログラミング言語にも備わっている．プログラミング言語によっては**配列**などとも呼ばれる．

リストは大規模データを扱う際などによく現れる構造である．例えば，学校の先生が生徒に関するデータを処理する際に，各々の生徒に関するデータをリストを用いて

```
data=["George",75,80,63,"Football"]
```

のように記述することができる．ここで，data は 5 個の要素から成るリストであり，その成分は前から順番に

```
data[0]="George",  data[1]=75,  data[2]=80,
data[3]=63,  data[4]="Football"
```

である（それぞれ，前から順番に生徒の名前，数学の成績，物理の成績，歴史の成績，所属クラブ名，というように．このように，数値と文字列が混在

するリストを作ることも可能である）．これは生徒一人に関する情報を持つ
1次元的なリストであるが，生徒は普通複数人いる．その場合には，このよ
うな1次元リストを成分とするリスト student を作ってすべての生徒のデー
タを管理することもできる．例えば生徒が $n+1$ 人いるならば，student は
student[0] から student[n] までの成分を持つリストであり，各々の成分は
それ自身が

    student[k]=["George",75,80,63,"Football"]

のようなリストになっている，というわけである．つまり，student は2次
元的なリストである．ここでは，多次元リストのような複雑なリストについて
は考えず，1次元的なリストを例にとってリストの基本的な考え方や使い方を
説明しよう．

例題2.18　n 円の買い物をして m 円を払ったとき，お釣りに使用される
紙幣・硬貨の枚数を出力するプログラムを記述せよ．ただし，

- お釣りの支払いに用いられるのは，1円玉，5円玉，10円玉，50円
  玉，100円玉，500円玉，1000円札，5000円札であるとする．
- 高額紙幣・貨幣を優先的に多く使うものとする．
- そして，最終的に何円札（または何円玉）を何枚使うかをそれぞれ出
  力する．

例えば，$n=5250$ 円の買い物をして $m=10000$ 円を支払うとき，お釣
りは $10000-5250=4750$ 円なので，1000円札が4枚，500円玉が1枚，
100円玉が2枚，50円玉が1枚である．

　最近はスーパーのレジスターも高性能になっていて，お釣りを自動的に
「1000円札が2枚，500円が1枚，10円が3枚，1円が2枚」というように判
断して出してくれるものが当たり前になった．この例題では，そのレジの動き
を再現しようというわけである．2000円札は希少なので，ここでは考えない
ことにする．また，入金額 m と会計金額 n について，$m \geq n$ であることはあ

らかじめ保証されているものとする.

　基本的な考え方としては次の通りである. 高額紙幣・貨幣を優先的に使いたいので，高額紙幣から優先に何枚使うかを考えていくことにしよう.

- お釣りの金額が $t = m - n$ であるとき，t 円を支払うために用いられる 5000 円札の枚数 a は，t を 5000 で割った商の整数部分（小数点以下切り捨て）である.
- 5000 円札を t 枚払った後のお釣り残額は $t - 5000a$ である（これは t を 5000 で割った時の余りに等しい）. この値を改めて t とする.
- t 円を支払うために用いられる 1000 円札の枚数 a は，t を 1000 で割った商の整数部分である.
- そして，1000 円を t 枚払った後のお釣り残額は $t - 1000a$ である. この値を改めて t とする.

以下，これと同様の処理を 500 円，100 円，50 円，10 円，5 円について繰り返す. そして，最後に残った数字が 1 円玉の枚数である. この戦略を素直にプログラムとして書いたものが **Program 2.7** である.

Program 2.7

```
01: note=[5000,1000,500,100,50,10,5,1]
02: payment=int(input("payment: "))
03: price=int(input("price: "))
04: change=payment-price
05:
06: for i in range(0,len(note),1):
07:     count=change//note[i]
08:     print(note[i],"yen: ",count,"coins")
09:     change=change-note[i]*count
```

　ここでは，1 行目でリスト変数 note が用意されている. note は次頁表の八つの成分を持つリストであり，この成分の一つひとつが（整数値を持つ）変数になっている. なお，リストの番号は 0 から始まることに注意しておく.

	note[0]	note[1]	note[2]	note[3]	note[4]
	5000	1000	500	100	50

	note[5]	note[6]	note[7]
	10	5	1

　ここではもちろん，noteはお釣りの払い戻しに使用できる紙幣・硬貨の額面を保持しているリストとして定義されている．

　6〜9行目のfor構文では，お釣りを支払うために高額紙幣・硬貨から順番に何枚使うのかを計算して表示するという処理を繰り返している．6行目にあるlen(note)はリストnoteの長さ（要素数）を表しており，ここではその値は8である．よって，このfor構文では，ループ変数iが0から始まり，1ずつ増加しながら8の寸前まで（つまり，7まで）到達する間，本体部分（頭下げされた7〜9行目）が繰り返し実行される．

　7行目では，現在残っているお釣り額chargeを支払うために，note[i]円硬貨（または紙幣）が何枚必要かを計算している．ここで，change//note[i]はchargeをnote[i]で割った商を整数化した値（小数点以下を無視した値）である．例えば，charge = 314, i = 3（つまりnote[i] = 100）の場合は，countの値は314/100 = 3.14の整数部分，つまり3となる．これは要するに，314円を払うためには100円玉を3枚使うということである．そこで，8行目で"100 yen: 3 coins"というメッセージを表示する．9行目では，note[i]円硬貨をcount枚支払った後に残る金額を改めてchargeに保存してから，次回のループに続くわけである．

> 例題2.19　入力されたn個の数を昇順に並べ替えて表示するプログラムを作成せよ．

　何らかの基準に従ってデータを並べ替えるという処理はさまざまなソフトウェアで用いられる最も基本的な処理の一つであり，**整列**（ソート）と呼ばれている．例えば，音楽プレーヤーで大量に登録されている楽曲トラックを「曲

名順に並べ替える」「アーティスト順に並べ替える」「トラック番号で並べ替える」という操作も整列操作である．このような整列処理が備わっているおかげで，数万曲以上にものぼる膨大な楽曲ライブラリであっても，その中から素早く目的のトラックを探し出すことができる．

　整列処理はさまざまな場面で頻繁に用いられるものなので，これまでに数多くの工夫されたアルゴリズムが考案されている．ここでは，計算コストの点ではやや不利ではあるが，仕組みがシンプルで理解しやすく，かつプログラムも作成しやすい**バブルソート法**と呼ばれる方法を紹介する．

　最終目標は，それらの整数たちを昇順に並べ替えることなので，要は「大きな数は右側へ寄せて，小さい数は左側に寄せる」ようにするのが基本アイデアである．この基本方針に基づいて，隣り合う二つの数を比較して，もし大小関係が逆転していれば，つまり左側の方が右側よりも大きいならば，その二つの数の立ち位置を交換するという操作をひたすら繰り返していく．

　バブルソート法のサンプルプログラムを **Program 2.8** に書いておく．ここでは簡単のために，入力される整数は 10 個であるとして，それらがリスト x[0]〜x[9] に前から順番に格納されるものとしている．

Program 2.8

```
01: x=[]
02: for i in range(0,10,1):
03:    x.append(int(input("a number: ")))
04:
05: for i in range(0,len(x),1):
06:   for j in range(len(x)-1,i,-1):
07:      if x[j-1]>x[j]:
08:         x[j-1],x[j] = x[j],x[j-1]
09:
10: print(x)
```

例 2.20　プログラムの説明に入る前に，具体的な実行例を見ておこう．3, 8, 2, 1, 9, 8, 5, 7, 6, 4 をバブルソートで整列する（図 2.5）．

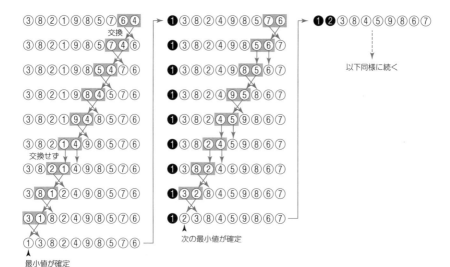

図 2.5　バブルソートの実行例（途中まで）．背景がついているところが比較対象になっているところであり，黒丸の数字はすでに位置が確定したことを表している．

- 最初に後ろの二つ，6 と 4 を比べる．6 > 4 であり，右側の方が小さいので，6 と 4 の位置を交換する．
- 次に左隣に移って，7 と 4 を比べる．7 > 4 であり，右側の方が小さいので，7 と 4 の位置を交換する．
- さらに左隣に移って，5 と 4 を比べる．5 > 4 であり，ここでも右側が小さいので，5 と 4 の位置を交換する．
- さらに左隣に移って，8 と 4 を比べる．8 > 4 であり，ここでも右側が小さいので，8 と 4 の位置を交換する．
- さらに左隣に移って，9 と 4 を比べる．9 > 4 なので，9 と 4 の位置を交換する．
- さらに左隣に移って，1 と 4 を比べる．1 < 4 なので，右側の方が大きくなっている．よって，位置交換はせずにこのまま放置する．
- さらに左隣に移って，2 と 1 を比べる．2 > 1 なので，2 と 1 の位置を交換する．

- さらに左隣に移って，8 と 1 を比べる．8 > 1 なので，両者の位置を交換する．

- さらに左隣に移って，3 と 1 を比べる．3 > 1 なので，両者の位置を交換する．

これで 1 クール分の処理は終了であり，数の並びは 1, 3, 8, 2, 4, 9, 8, 5, 7, 6 となる．ここまできた時点で，全体の最小値 1 が最も左側に寄せられているところに注意しておこう．1 は最小値なので，どの段階で比較対象になっても必ず $x > 1$ というように大小が逆転することになって，x と 1 の位置が交換されることになり，1 は左へ寄せられていくからである．

　これ以後は，残りの 3, 8, 2, . . . から最後の 6 までの部分について同じ処理を繰り返すと，図のように 1, 2, 3, 8, 4, 5, 9, 8, 6, 7 という並びになり，1 の次にくる最小値 2 が左から二つ目の位置にきて確定する．その次は，左端の 1, 2 を固定した上で残りの部分について同じ処理を施す，という操作を順番に繰り返していくというのがバブルソートの処理である． □

　プログラム **Program 2.8** の説明に入ろう．1 行目では，入力される数値を受け取るリスト x を，まずは空っぽのリストとして準備している（[ ] は要素を持たない空のリストを意味する）．2〜3 行目の for ループでは，「整数を 1 個入力して，それをリスト x に順番に格納する」という処理を 10 回繰り返している．3 行目にある append は「(リスト名). append(データ)」の形式で，指定されたデータをリストの最後尾に追加する動作をする．ここでは，'データ' に当たる部分が int(input("a number: ")) となっており，キーボードから入力された値が整数化されて，それがリストに追加されるべき値となる．これで，入力された 10 個の整数が順番に前から x[0], x[1], . . . , x[9] に格納される．

　5〜10 行目がバブルソート法のメイン部分である．5 行目の for 構文における「ループの本体」として，6〜8 行目から成る for ループ全体がすっぽり入っているという入れ子構造になっている．5 行目の for ループでは，x[i]〜x[9] の間で整列処理が行われる．8 行目は 7 行目の if 文の条件 x[j-1]>x[j]

が成立する場合のみ実行されるが，ここが x[j-1] と x[j] の中身を交換する操作を実行している部分である（下記の補足 2.21 を参照）．こうして，5 行目の for ループが一通り終わるたびに，その時点での x[i] が最小値として確定していくという構造である．

最後に，10 行目で整列が終了した時点でのリスト x の中身を出力して終わる．このように，print 命令の中でリストを指定すれば，そのリストの中身がすべて表示される．

補足 2.21　8 行目では x[j-1] と x[j] の中身を交換しているが，Python では一般に

変数 A, 変数 B = 変数 B, 変数 A

のような形式で記述すれば，変数 A と変数 B の中身が交換される．なお，変数 a と変数 b の中身を交換する意図で

```
a=b
b=a
```

と書いても，（文法エラーは出ないだろうが）正しく動作しない．例えば，a が 3，b が 0 である場合を想定して，この命令がどのように処理されるかを考えてみよう．a を 0 に，b を 3 に，それぞれ変更することが本来の目的である．最初の代入文 a=b を実行した時点で，変数 a の中身は b と同じになる．つまり，この時点で a の中身が 0 になってしまい，それまでの値 3 は消えてしまう．その後に続けて代入文 b=a を実行する時には，すでに a の中身が 0 に変わってしまっているから，b=a を実行しても b の中身は 0 のままである．

□

補足 2.22　バブルソート法では，n 個の数が入力されたとき，整列が終了するまでに

$$(n-1) + (n-2) + \cdots + 2 + 1 = \frac{n(n-1)}{2}$$

回の比較判断を行うことになる．そのうち実際に何回の交換作業が発生するかは，入力される数列によって異なる．

一方で，マージソート法などのもっと洗練された他の整列手法では，この比較回数が概ね $n \log_2 n$ の定数倍程度になる．データサイズ n が小さい間は，バブルソートとこれら他の手法との間にそれほど計算効率的な面で差はないが，n が大きくなってくると，マージソート法の方がバブルソート法よりも遥かに比較回数が少なくて済み，より高速に処理できる．

理論的な効率という点ではマージソート法の方がバブルソート法よりも優れているが，マージソート法はアルゴリズム自体がバブルソート法ほど明快でわかりやすいものではなく，プログラミングに際してもより高い技術が必要である．整列問題に限った話ではない

が，処理効率とシンプルさ（理解しやすさ，実装しやすさ）を両立することはそれほど簡単なことではない.　□

2.5　手続き

前節までの例題で概ね，計算機を用いた自動処理について最も基本的な最低限の道具は紹介できたかと思う.

- 処理の途中で何らかのデータを覚えておくための変数. リストも含む.
- 一定範囲内にある一連の処理を何度も繰り返す繰り返し処理構文.
- 条件判断によってその後の処理を分ける条件分岐構文.

やや乱暴な言い方かもしれないが，これだけの基本道具を押さえておけば，簡単なアルゴリズムであればプログラムとして記述するには十分事足りる. そして，かなり複雑で大きなプログラムであっても，細かく分解して見ていけば，これらの基本道具をうまく組み合わせて書かれているといっていいだろう.

本節のテーマは，これらの基本道具に加えて，ちょっと進んだ道具の一つとして，「手続き」という仕組みについて学ぶことである.

例題 2.23　次のようなプログラムを記述しよう.

- 自然数 $n \geq 2$ を一つ入力する.
- 2 以上 n 以下の自然数のうち，素数が何個あるか数えて，その結果を出力する.

この問題は，繰り返し処理の仕組みを使うと **Program 2.9** のようにして解決できる[10].

ここで，n は入力される自然数 n を覚えておくための変数であり，count はそれまでに見つかった素数の個数を覚えておくためのカウンタである（そのため，1 行目にて明示的に初期値を 0 にセットしている）.

---

10)　注意：詳しい話はこの後に出てくるが，このプログラムはこのままでは動作しない.

Program 2.9

```
01: count=0
02: n=int(input("give me n: ")
03:
04: for d in range (2,n+1,1):
05:     count=count+prime(d)
06:
07: print("There are ",count," primes.")
```

メインパートは4〜5行目のforループである．その中身は単純であり，d
を2からnまで順番に変化させて，その各々について5行目において「dが
素数ならばその都度カウンタcountを一つずつ増やす」ということをやって
いるだけである．ただし，そこに現れるprimeは次のような機能を持ってい
るとする．

- dが素数ならば，prime(d)=1である．
- dが合成数ならば，prime(d)=0である．

つまり，primeは与えられた入力dが素数であるか否かを判定して，その結
果に応じてそれぞれ1または0という値を返答してくれるものである．この
ように，ある入力を受け取って一連の処理を行い，その結果を返答してくれる
ものを**手続き** (procedure) という．

補足2.24　一般に，手続きは入力データを受け取って一連の処理を行い，その結果をレス
ポンスとして呼出元に返答するという動作を行うが，実際の場面では

- 入力データを何も受け取らずに動作する手続き
- 何らかの動作は行うが，最後に何かのレスポンスを返すことはしない手続き

を使うこともあるので，入力を受け取ること，結果を返答することは必須の要件ではなく，
「一連のまとまった処理を実行する」ことが要点である．ここでは，「与えられた自然数が
素数であるかどうかを判定する」という処理を，一つの手続きとしてまとめているわけで
ある．
　ここでいう「手続き」のことを一般に「関数 (function)」と呼んでいる言語もある．「メ
ソッド」という言葉が使われることもあるが，それはいわゆるオブジェクト指向プログラ
ミングの観点からの呼び方である．いずれにせよ，ここではこれらの言葉の厳密な定義に

は踏み込まず，「手続き」という言葉を用いることにする.　　　　　　　　　□

　手続き prime が上記の通り設計されているとき，5 行目の記述

　　count=count+prime(d)

では，もし d が素数であれば prime(d)=1 なので

　　count=count+1

が実行され，count の値が一つ増える.　一方，d が合成数ならば prime(d)=0
なので

　　count=count+0

が実行され，その結果 count の値は変化しない.　このようにして，d が素数
のときには count が一つ増えて，そうでないときには count は変化しないよ
うになっている.　よって，この for ループで 2 から n までの素数の個数を正
しく数え上げることができる.

　さて，**Program 2.9** では素数判定を行う手続き prime がすでにあること
を前提にして記述したが，実は Python にはこのような命令があらかじめ用意
されているわけではない[11).　そこで，手続き prime を自分で作成してみよう.

　ご存知の通り，自然数 d が素数であるというのは，d の約数が 1 と d だけで
あること，つまり 2 から $d-1$ までの間には d の約数が存在しないということ
である.　この定義に忠実に従えば，与えられた自然数 d が素数であるかどう
かを判定するためのアルゴリズムは，**Algorithm 2.4** の通り簡単に構成でき
る.

　このアルゴリズムでやっていることは至って単純であり，$a = 2, 3, 4, \ldots$ の
順番で，a が d の約数になっているかどうかをひたすらチェックしているだけ
である.　もし $a = 2$ から $a = d-1$ までのどこかで d の約数となっている a が
見つかったら，d は 1 と d 自身以外の約数を持っていることになるので，d は

---

11)　だから，**Program 2.9** をそのまま実行しても「prime なんか知らない」とエラーに
　　なる.

Algorithm 2.4　素数かどうかを判定する

Input: 自然数 $d \geq 2$.

Output: d が素数ならば 1, 合成数ならば 0.

1: $a \leftarrow 2$ とおく.
2: **for** $a \leq d-1$ である間は次の 3: と 4: を繰り返す **do**
3:　　a が d の約数ならば, 0 を出力して直ちに終わる.
4:　　そうでなければ, a に 1 を加えて 2: に戻る.
5: **end for**
6: 1 を出力して終わる.

合成数である. よってその場合は, 約数 a が見つかったその時点で 0 を答えとして出力して停止する (3:). a が d の約数になっていない場合は, 次の a に進むために, a を $a+1$ に更新して (4:), 再びチェックに戻る. この処理をひたすら繰り返して, 途中で停止することなく $a = d$ まで到達してしまった時点で **for** ループを抜ける. この場合, d は 2 から $d-1$ までの間に一切約数を持たないことになるので, d は素数であることがわかり, 6: で 1 を答えとして出力して停止する.

Algorithm 2.4 に従って手続き prime をプログラムとして記述したものが

Program 2.10

```
01: def prime(d):
02:    for a in range(2,d,1):
03:       if d%a==0:
04:          return 0
05:    return 1
06:
07: count=0
08: n=int(input("give me n: ")
09: for d in range(2,n+1,1):
10:    count=count+prime(d)
11: print("There are ",count," primes.")
```

Program 2.10 である．後半の 7〜11 行目は **Program 2.9** と同じであり，prime の記述は冒頭の 1〜5 行目である[12]．手続きを記述する際の形式は次の通りである（処理の中身は頭下げして記述される）．

> def 手続き名（入力 1，入力 2，...）：
>   処理の中身

　1 行目は「d を入力として動作する手続き prime を記述する」という宣言である[13]．その中身は頭下げされた 2〜5 行目である．2 行目の for 構文では，a を 2 から $d-1$ まで順番に変化させて，それが d の約数になっているかどうかを検証するということをやっている．3〜4 行目がループの本体であるが，その中の if 構文に書いてある条件式 d%a==0 では，d が a で割り切れるかどうか，すなわち「a は d の約数であるか？」ということを見ている．もし，2 から $d-1$ までのどこかの a で「d が a で割り切れる」という条件が該当した場合は，d が合成数であることがわかったことになるので，4 行目で即座に 0 が返答（return）され，その時点で手続き prime の仕事が終わる（**Algorithm 2.4** の 3: に相当する）．このように，手続きの処理は return 文が実行されて何らかの値を呼び出し元に返答した時点で終了する．

　a が d に到達するまでに「a は d の約数である」という条件に一切合致しなかったときには，for ループは期間満了で終了して 5 行目に移行する．この場合，結局は 2 から $d-1$ までのどこにも d を割り切る約数が見つからなかったということなので，d は素数である．そこで，5 行目では 1 を返答して仕事を終える．これが **Algorithm 2.4** の 6: に相当する部分である．

補足 2.25　**Algorithm 2.4** や **Program 2.10** では，a が $d-1$ に至るまでループを繰り返しているが，実際には a が $\sqrt{d}$ 以下である間のみ繰り返しておけば十分である．d が $d = ab$ と因数分解されたとき，a または b のうち少なくとも一方は $\sqrt{d}$ 以下である．よって，d に自明でない約数（2 から $d-1$ までの約数）が存在するならば，そのうちの一つは

---

12)　手続き prime の記述は，それを呼び出す部分（10 行目）に先行している必要がある．そうでないと，10 行目を実行する時点で「prime なんか知らない」とエラーになってしまう．

13)　冒頭の def は，「定義」（definition）という意味である．ここでは Python の使用を想定しているが，手続き・関数の具体的な記述方法はプログラミング言語によって異なるので，それぞれのプログラミング言語の解説書などを参照のこと．

必ず 2 から $\sqrt{d}$ の間のどこかで見つかる．ゆえに，$a = d - 1$ まで調べなくても，$a^2 \leq d$（つまり $a \leq \sqrt{d}$）の範囲で調べておけば十分である． □

補足 2.26　ここで示した素数判定手法は，与えられた d の約数を $a = 2$ から開始してひたすらしらみつぶしに探していくという方法である．これは素数の定義に忠実に従った単純明快な方法ではあるが，計算の効率という観点からは，お世辞にも効率的な方法とはいえない．実際，d がかなり大きな数になってくると，このような方法では計算が終了するまでに莫大な時間がかかってしまう．しかし，ここでは計算効率を追求することが主眼ではないし，d がある程度小さい間はこのような単純な方法でも十分通用するので，計算効率についてはあまりこだわらないことにする． □

　さて，**Program 2.10** は前半部（手続き prime，1〜5 行目）と後半部（メインパート，7〜11 行目）に分かれているが，実際に実行されるときには 7 行目から実行が開始されて，prime が呼び出されるたびに 1〜5 行目が実行されるという動作をする．つまり，10 行目で count=count+prime(d) が実行されるたびに，次のような流れで処理が進む（図 2.6）．例えば，この時点での d の値が 5 であるとき，

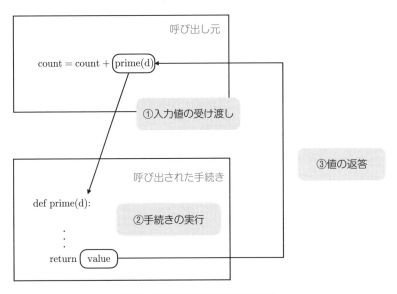

図 2.6　手続きの実行と値の受け渡し

(1) まず右辺 count+prime(5) を計算するが，その際に prime(5) の値を取得するという処理，つまり「手続き prime を，d = 5 を入力として呼び出す」という処理が呼び出される．

(2) 手続き prime 側では，渡された値5が1行目に書かれている変数dに入るところから動作が始まる．

(3) 2〜5行目では，d=5 が素数であるか否かの判定を行う処理を実行する．そして，最終的に0または1が返答される．今の例では d=5 なので，for ループは期間満了まで実行され，5行目の return 命令で1が返答される．

(4) prime から返答された値は呼び出し元，つまり10行目にある prime(d) の部分にセットされる．今の場合は，返答値は1なので，count+prime(5) は count+1 と読み替えられ，その結果 count の値が一つ増える．

補足2.27　たいていの言語では，ここでいう手続き prime 側の変数dと呼び出し元の側で使われている変数dは，名前は同じであっても互いに別物として取り扱われる．これは，両者が所属する「ブロック」が異なることによる．つまり，両者は互いに違うクラスにいる同姓同名の2人の生徒のようなものと見なされる．このあたりの事情はプログラミング言語によって多少異なるので，詳しくはそれぞれの言語における変数の**スコープ**（有効範囲）について調べてみよう．　　　□

補足2.28　これは全くの余談だが，素数の個数については「素数定理」と呼ばれる有名な定理があって，それによると，n 以下の素数の個数は（n が十分大きくなってくると）概ね $n/\log n$ 個程度ある．ここで，対数は自然対数（$e = 2.71828\ldots$ を底とする対数）である．言い換えれば，n 以下の素数をランダムに選んだとき，それが素数である確率は概ね $1/\log n$ 程度である．　　　□

2.6　再帰処理

「回文」は言葉遊びの一つで，「しんぶんし」「ABBA」「racecar」のように，左から読んでも右から読んでも同じになる文のことである．ここでは，与えられた語（文字列）が回文であるかどうかを判断するプログラムを考えてみよう．なお，空語や1桁の語も形式的には回文であると見なす．

例題 2.29 次のようなプログラムを記述せよ.

- 語 w を一つ入力する.
- w が回文であるかどうかを判断して,その結果を出力する.

この問題については,自然な解決法と,「再帰」というちょっと特殊な手法を用いた解決法の 2 通りが考えられる.この節のメインテーマは「再帰」の方なのだが,まずは最初に「自然な解決法」を見ておこう.その流れは次の通りである.入力された語 w について,

1: w を逆順に読んで得られる語 w' を求める.
2: $w = w'$ ならば w は回文であると判定し,そうでなければ w は回文でないと判定する.

次に,本節のメインである別解を **Algorithm 2.5** に示しておく.

Algorithm 2.5 回文の判定アルゴリズム

Input: 語 w.

Output: w が回文であれば YES,そうでなければ NO.

1: w が 1 桁であるときには,YES を出力して終わる.
2: w の先頭文字 w_h と最終文字 w_t をそれぞれ求める.
3: $w_h \neq w_t$ ならば,NO を出力して終わる.
4: w の先頭文字と最終文字を削除して得られる語を w' とする.
5: w' が回文であれば YES を,そうでなければ NO をそれぞれ出力して終わる.

例えば,$w =$ "racecar" のときは[14],次のようにして処理が進む.

1: w は 2 桁以上なので,このまま先に進む.

---

[14] Python では,文字(列)はシングルクォーテーション ' またはダブルクォーテーション " で囲んで記述するので,その記法に従ってここでは文字(列)を " で囲んで記述する.

2: w の先頭文字は $w_h =$ "r"，最終文字は $w_t =$ "r" である．

3: w_h と w_t はどちらも "r" であり，一致しているので，このまま次に進む．

4: w から先頭と末尾にある "r" を削除した語 $w' =$ "aceca" を求める．

5: $w' =$ "aceca" は回文なので，「w も回文である」と判定して終わる．

　これで確かに正しく「$w =$ "racecar" は回文である」という結果になるが，この方法はよく見るとちょっとインチキではないだろうか？　4: まではいいとしても，5: が問題である．ここでは何食わぬ顔で「$w' =$ "aceca" は回文なので」と書いたが，w' が回文であることはどうやって判定されたのだろう？そもそも，今は与えられた語が回文かどうかを判定する仕組みを構築することが目的であったはずなのに，その中で「w' が回文である」かどうかを判断する仕組みがすでに存在していてそれを使っているようにも見える．

　しかし，実はこれはインチキではなく，数学の証明手法の一つとしてよく知られている数学的帰納法とよく似た考え方を使った手法である．数学的帰納法では，自然数 n に関する主張 $P(n)$ が「すべての自然数 n について成り立つ」ことを証明するために，次の二つのステップを踏む．

(1) $P(1)$ が正しいことを（直接）証明する．

(2) $n \geq 2$ のとき：$P(n-1)$ が成り立つことを前提として，$P(n)$ が成り立つことを証明する．

(2) では，$P(n)$ が正しいことの根拠を示すために，$P(n-1)$ に頼っていいのである．なお，実際には $P(n-1)$ だけではなく，「$P(1)$ から $P(n-1)$ までのすべてが成り立っている」ことを前提にしてもよい．

　あるいは，数列の漸化式を思い出してもいいだろう．例えば，数列 $\{x_n\}_{n=0}^{\infty}$ が関係式

$$x_n = x_{n-1} + x_{n-2} \quad (n \geq 2)$$

を満たしているというとき，x_n の値を決定するには，x_{n-1} までの値（実際には x_{n-1} と x_{n-2} だけでよい）が決まっていればよいという構造になっている．最初の二つの項 x_0, x_1 だけはこの関係式によらず独自に決める必要があるが，

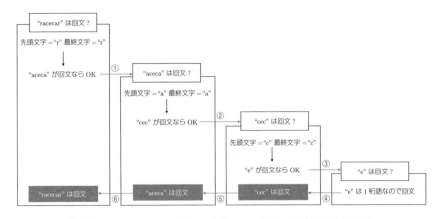

図 2.7　$w =$ "racecar" が回文であることの判定（再帰的処理の流れ）

x_0 と x_1 さえ決まれば，x_2 以降は自ずとこの関係式に従って次々に決定されていく．

　これらと同じような感覚で，「w が回文である」ことを判定したいというときに，**Algorithm 2.5** の手法では，w の桁数に着目して，「w よりも桁数が小さい語 w' については，w' が回文であるかどうかを判定できる」ということを前提にしてもよいという仕組みを用いている．このような仕組みを**再帰**と呼ぶ．ただし，w の桁数がある程度小さいときには，再帰に頼らずに判定する必要がある．そうでなければ，再帰の連鎖が無限に続いていつまでも停止しないアルゴリズムになってしまうからである．

　抽象的な説明をこれ以上続けるよりも，実際の動作を実例を用いて追跡していく方が感覚をつかみやすいだろう．図 2.7 では，$w =$ "racecar" であるときの処理の流れが描かれている．それによると，

(1) "racecar" の先頭と末尾はどちらも "r" である．よって，"racecar" が回文であるか否かは，"aceca" が回文であるか否かで決まる．そこで，"aceca" が回文か否かを調べよう．

(2) "aceca" の先頭と末尾はどちらも "a" である．よって，"aceca" が回文であるか否かは，"cec" が回文であるか否かで決まる．そこで，"cec"

が回文か否かを調べよう.

(3) "cec" の先頭と末尾はどちらも "c" である. よって, "cec" が回文であるか否かは, "e" が回文であるか否かで決まる.

(4) "e" は1桁語なので, それは回文であると判断される.

(5) だから, "cec" は回文である.

(6) だから, "aceca" も回文である.

(7) だから, "racecar" も回文であることがわかった.

ここで,「回文である」か否かを調べるべき語が,

$$\text{"racecar"} \rightarrow \text{"aceca"} \rightarrow \text{"cec"} \rightarrow \text{"e"}$$

というように遷移していくが, 段階を経るごとに着実に桁数が減っていることに注意しておこう. そして最終的には, 最後の "c" までたどり着いた段階で1桁語になったので, もうこれ以上判定を先延ばしにすることなく, 直接「回文である」という判定ができる. ここが, 数学的帰納法でいえば「$P(1)$ が正しいことを直接証明する」という段階に相当し, 問題の「先延ばし」が無限に続くことを食い止めている. もしこのような段階がなければ, 問題の先延ばしが延々と続いてしまい, いつまで経っても終わらないアルゴリズムになってしまう.

Program 2.11 に, この戦略に基づくサンプルプログラムを書いておいた. ここでは, 1~9行目で手続き palindromic を実装している[15]. この手続きは, 与えられた入力語 w が回文であれば1を, そうでなければ0を返答するように作成されている. 語 w に対して, len(w) は w の桁数（長さ）を表している. 2~3行目は **Algorithm 2.5** の 1: に当たる部分であり, w が空であるか, あるいは1桁語であれば, 直ちに「回文」であると判断して1を返答して終わる. そうでない場合は, 4行目以降に進む. 4行目では w の先頭文字 wh を求めており, 同じく5行目では w の最終文字 wt を求めている. ここでは, Python における文字列の**スライス記法**と呼ばれるものを用いてい

---

15)　回文を意味する英語 palindromic からとった名前である.

Program 2.11

```
01: def palindromic(w):
02:     if len(w)<2:
03:         return 1
04:     wh=w[0:1]
05:     wt=w[len(w)-1:len(w)]
06:     if wh!=wt:
07:         return 0
08:     wd=w[1:len(w)-1]
09:     return palindromic(wd)
10:
11: w=input("give me a word w: "))
12: if palindromic(w)==1:
13:     print(w,"is palindromic.")
14: else:
15:     print(w,"is not palindromic.")
```

る[16]．6行目でその両者が異なる文字であるか否かを判定し，もし異なっていれば，7行目で直ちに「回文でない」と判断して0を返答して終わる．これが **Algorithm 2.5** の 2: および 3: に当たる部分である．ここで終わらない場合は8行目に進むが，ここでは w の先頭と末尾の文字を削除した語 wd をスライス記法によって取得している．そして，w が回文かどうかは wd が回文かどうかで決まるので，9行目において手続き palindromic を入力 wd に対して再帰的に適用して，その返答結果をそのまま返答して終わる．これが **Algorithm 2.5** の 5: および 6: に当たる部分である．

11行目以降がメインパートであるが，ここでやっていることは至ってシンプルである．11行目で入力される語 w を受け取って変数 w に保存し[17]，それを手続き palindromic にかける．そして1が返ってきたら，つまり w が回文であれば「w は回文である」と出力して停止し，そうでなければ「w は回文でない」と出力して終わる．

---

16) w が文字列データを持つ変数であるとき，w[i,j] は w の i 文字目から j 文字目の寸前，つまり $j-1$ 文字目までを取り出す記法である．ただし，先頭は 0 文字目である．

17) ここでは語 w を文字列として受け取ればよいので，関数 int は不要である．

練習 2.30 例題 2.9 で述べたユークリッドの互除法を，再帰処理を利用したプログラムとして記述せよ．

練習 2.31 例題 2.12 を再帰処理を利用して解くアルゴリズムを考えて，それをプログラムとして記述せよ．（ヒント：n の桁数に関する再帰）

章末練習問題

以下の各問題について，問題を解決するための処理手続き（アルゴリズム）を考えて，それをプログラムとして実装せよ．プログラムは本文中で示した例のように Python で記述してもよいが，他のプログラミング言語，例えば C 言語，Java などを用いてもよいし，それができない場合には擬似的なコードや自然言語（日本語や英語など）でアルゴリズムを記述してもよい．

練習 2.32

(1) 整数 a と自然数 d を入力とし，初項 a，公差 d の等差数列の 100 以下のすべての項を順番に出力するプログラムを作成せよ．
(2) 整数 a と 0 でない整数 d を入力とし，初項 a，公差 d の等差数列の絶対値が 100 以下のすべての項を順番に出力するプログラムを作成せよ．

練習 2.33 フィボナッチ数列 $\{x_n\}_{n=0}^{\infty}$ は次の漸化式で定義される．

$$x_0 = x_1 = 1, \quad x_n = x_{n-1} + x_{n-2} \ (n \geq 2).$$

自然数 d が入力されたとき，フィボナッチ数列に現れる項のうち，d 以下であるものを前から順番に出力するプログラムを作成せよ．

練習 2.34 西暦年 y が与えられたとき，その年が閏年であるかどうかを判定して結果を表示するプログラムを作成せよ．ただし，閏年は次の規則で判断できる．

- y が 4 の倍数であるが 100 の倍数でないとき，y は閏年である．
- y が 400 の倍数ならば，y は閏年である．
- 上記二つの場合以外は，y は閏年ではない．

練習 2.35 自然数 n に対して，n の各桁の数字の総和を $\sigma(n)$ で表す．例えば，$n = 3140$ であるとき，$\sigma(n) = 3 + 1 + 4 + 0 = 8$ である．

(1) 自然数 n を入力として，$\sigma(n)$ の値を出力するプログラムを作成せよ．
(2) 自然数 n を入力として，$\sigma(n)$ が 1 桁の数になるまで，各桁の数字の和を計算することを繰り返し，最終的に得られる値を $\sigma_*(n)$ で表す．例えば，$n = 39148$ のとき，$\sigma(n) = 3+9+1+4+8 = 25, \sigma(25) = 2+5 = 7$ であるから，$\sigma(39148) = 7$

である．n を入力として，$\sigma_*(n)$ の値を出力するプログラムを作成せよ．

なお，どちらの問題も，可能であれば再帰的戦略と再帰を用いない戦略の両方を考えてみよう．

練習 2.36 整数を何個か連続して入力し，最初に負の数が入力された時点で入力を打ち切る．ここまでに入力された数のうち，偶数と奇数がそれぞれ何個ずつあったかを数えて結果を表示するプログラムを作成せよ．ただし，最後の負の数は除く．

練習 2.37 自然数 n を入力として，n の桁を構成する数字の中で重複するものがあるかどうかを判定するアルゴリズムを考えて，それをプログラムとして記述せよ．例えば，$n = 10314$ のときは，1 が重複しているので「重複あり」であり，$n = 412907$ では桁の重複がないので「重複なし」である．

練習 2.38 $n(\geq 2)$ 個の自然数を入力したとき，それらの中の中央値を求めて出力するプログラムとして記述せよ．ここで，中央値とは小さい方から数えて，n が偶数ならば $n/2$ 個目の数，n が奇数ならば $(n+1)/2$ 個目の数のことである．

練習 2.39 整数 $n \geq 0$ が

$$n = b_k 2^k + b_{k-1} 2^{k-1} + \cdots + b_1 2^1 + b_0 2^0, \quad b_k, \ldots, b_0 \in \{0,1\}$$

と分解できるとき，$b_k b_{k-1} \cdots b_0$ を n の **2 進数表示**という．例えば，

$$39 = 1 \times 2^5 + 0 \times 2^4 + 0 \times 2^3 + 1 \times 2^2 + 1 \times 2^1 + 1 \times 2^0$$

と分解できるので，37 の 2 進数表示は 100111 である．そして，n の 2 進数表示に現れる 1 の個数が偶数個であるか奇数個であるかに応じて，それぞれ n は **偶パリティ**，**奇パリティ**であるという．例えば，上の例でいえば 39 は偶パリティである[18]．再帰構造を用いて，与えられた $n \geq 0$ のパリティが偶パリティであるか，奇パリティであるかを判定するアルゴリズムを構成して，それをプログラムとして記述せよ．

---

18) n のパリティの偶奇は，n 自身の偶奇とは必ずしも一致しない．$n = 39$ はそれ自身は奇数であるが，パリティとしては偶パリティである．なお，偶奇パリティの考え方は信号処理や情報通信の世界で情報の歪み（誤り）を訂正するための仕組みの中で利用されている．

─── 第 **3** 章 ───

問題解決事例演習

　本章からは，やや本格的に数理的思考を要するいくつかの例題を題材にして，計算機科学の流儀による「二つの A」というスタイルでの問題解決思考の事例演習を進めていくことにしよう．本章で扱う問題は，素直な方法で抽象化を行えるものから抽象化の段階で相当な工夫が必要であるものまでさまざまである．ただし，問題の解析や自動処理化に際しては，想定される読者が大学初年度級の（必ずしも理工系とは限らない）学生であることを踏まえて，なるべく高度な数学的知識を前提とせず，最終的に得られる自動処理アルゴリズムも高度に複雑なものにはならないように留意した．その意味で，比較的扱いやすくシンプルな問題を題材としているといえるだろう．しかしその一方で，たとえアルゴリズム自体はシンプルなものであったとしても，実際にそのアルゴリズムをプログラムとして実装することが技術的な観点から簡単であるとは限らない．ここからの議論は，必ずしもプログラミングまでを視野に入れたものではないし，アルゴリズムも現実のコンピュータ上で動作するプログラムへそのままの形で翻訳可能であるように書かれるとは限らない．

　もちろん，プログラムとして実装可能であるものについては積極的にプログラミングまでを演習してみるのは良い経験になる．ただし，プログラミングに際しては，問題そのものが持つ本質的な難しさとは関係ないところでも技術的なケアが必要になったり，思わぬ困難に直面することもあるということには注意しておくべきであろう．例えば，文字列処理が苦手な言語を用いて文字列操

作に関する問題のプログラムを作成するのは，たとえアルゴリズムそのものが簡潔で理屈としては理解しやすいものであっても，前途多難であることは想像に難くない．

　なお，この章の演習を読むにあたって大切なことは，最終的にできあがった成果物（自動処理アルゴリズム）のみに注目することではないし，ましてやそれを丸暗記することでもない．成果物がどうでもいいというのも一方の極端であるが，本章は思考法の演習を意図した章であるので，抽象化がどのような発想で行われているのか，また自動処理アルゴリズムを構成する際にどのような思考過程をたどっているのかというプロセスを味わうことがより重要である．「2次方程式の解の公式」も丸暗記してしまえばそれなりに便利に使える道具ではあるが，ここで大切なのは，その公式がどのような発想で生み出されたものなのかという思考プロセスを体験することなのである．このような理由から，本章での記述は必ずしも「問題解決までの最短コースをまっしぐら」という記述にはなっていないし，天下り的な解説はなるべく避けたつもりである．多少の回り道があったとしても，それも思考過程の一つとして味わってみてほしい．

　先に述べた通り，本章ではあまり高度な数学的知識は仮定していないが，場合によっては見慣れない数学用語や記号が出てくるかもしれない．そのような場合には，巻末付録Aにいくつかの数学用語に関する解説があるので，そちらをご覧いただきたい．また，各節の演習問題の間には「A節を読んだ後でなければB節は読めない」などという依存関係はないので，好きなところから読み始めることができる．

3.1　良い組み合わせを求める

　与えられた条件の下で，何らかの意味で「良い」組み合わせを求めるという問題は，現実的な場面でも比較的よく現れる問題である．ここでは，手始めとして，ごく初等的な整数に関する知識のみを用いて考えることができる基本的な問題を題材にする．早速，次の三つのシナリオを見てみよう．

- **プレゼント**：茂さんは離れて暮らす孫にお菓子のプレゼントを送ることにした．お菓子はA, Bの2種類で，Aは一つ290円でBは一つ450円とのこと．どうやら1万円分までは箱に詰め放題らしいが，1万円未満しか詰められなくても料金は1万円かかるらしい．どうせなら1万円分きっちり詰めて送りたい．残っているのはAは20個，Bは15個のようだ．AとBをそれぞれ何個ずつ詰めればいいだろうか？

- **ポイントで買い物 (1)**：雅子さんはY社の通販サイトでポイントを貯めている．ポイントはA, Bの2種類あって，Aは1ポイント5円，Bは1ポイント2円として使うことができる．ある日，巷で話題のロールケーキを見つけた雅子さんは，早速ポイントで購入することにした．値段は1200円．今貯まっているポイントだけで十分買えそうだ．しかし，Aは価値が高いので，Bの半数を超えて使うことはできないルールらしい（例えば，Bを100ポイント使うならば，Aは50ポイントまでしか使えない）．どちらのポイントをいくつ使えばよいだろうか？

- **ポイントで買い物 (2)**：雅子さんはR社の通販サイトでもポイントを貯めている．Y社と同じくやはりポイントはA, Bの2種類あって，Aは1ポイント5円，Bは1ポイント3円として使うことができる．ある日，おいしそうなワインを見つけた雅子さんは，ロールケーキのお供にするために早速ポイントで購入することにした．値段は1800円．今貯まっているポイントだけで十分買えそうだが，どちらも有効期限が近いので，なるべくどちらのポイントも同程度消費したいと考えている．どちらのポイントをいくつ使えばよいだろうか？

これらの問題には，見かけはそれぞれ違えども，共通して現れる構造があることは容易に観察できるだろう．つまり，これらの問題の中には次の問題が共通して潜んでいる．

問題 3.1　a, b, n を自然数とするとき，$ax + by = n$ を満たす非負整数 x, y は存在するだろうか？　存在するとすれば，それらを具体的に求めるにはどうしたらいいだろう？

$ax + by = n$ という式はもちろん，a 円のプレゼントを x 個と b 円のプレゼントを y 個組み合わせると n 円になること，a 円のポイントを x 個と b 円のポイントを y 個使えば n 円分の買い物ができることをそれぞれ表している．x, y が非負である，つまり $x, y \geq 0$ であることに限定されているのは，「5 円ポイントを -3 個使う」などということが実質的に意味を持たないからである．なお，いうまでもないが「孫にプレゼントを贈る」とか「ポイントを貯めている」などという状況設定自体には，せいぜい「解は非負整数である」などの制限を与える以外には本質的な意味はない．全く違う場面から同じような構造の問題が浮かび上がってくる可能性はいくらでもある．

さて，上記三つのシナリオにはすべて基本的には 1 次方程式 $ax + by = n$ の非負整数解 (x, y) を求めるという問題が潜んでいるが，それに加えて，それぞれにさらに追加条件を抱えている．

- 「プレゼント」では，B はあと 15 個しか残っていない．だから，A を 5 個，B を 19 個詰め込んで，$290 \times 5 + 450 \times 19 = 10000$ とすることはできない．B は 15 個しか残っていないのに，この組み合わせでは 19 個使うからである．このように，解 x および y の値の範囲に制限が加えられることになる．例えば，$x \leq A, y \leq B$ であるというように．

- 「ポイントで買い物 (1)」では，A を x 個，B を y 個使う場合，制約条件から $x \leq y/2$，つまり $2x \leq y$ でなければならない．よって，非負整数解 (x, y) のうち $2x \leq y$ を満たす解を探すことになる．例えば，A を $x = 120$ 個，B を $y = 300$ 個使うと，合計で 1200 円となり，しかも $2x \leq y$ だから，これは条件に合致する買い方である．一方で，A を $x = 200$ 個，B を $y = 100$ 個使うというやり方では，確かに合計で 1200 円になるが，$2x \leq y$ ではないので，これはダメな買い方である．

- 「ポイントで買い物 (2)」では，A を x 個，B を y 個使うとすると，消費量の差 $|x - y|$ が最小となる非負整数解 (x, y) を求めたいということになる．これは何らかの指標（ここでは差 $|x - y|$ のこと）を最小，あるいは最大にしたいという最適化の問題である．

3.1.1 素朴な解法

　三つの問題はそれぞれ追加条件こそ違えども，どれも $ax + by = n$ の非負整数解を求めるという部分は共通している．そこで，問題解決の戦略としても，「非負整数解を求める」という部分と，「追加条件を満足させる」という部分に分けて対処するという戦略もありうる．つまり，次のようにする．

(1) $ax + by = n$ の非負整数解の一覧表を作る．
(2) その一覧表の中から，追加条件に合致する解を拾い出す．

もちろん，非負整数解が全く存在しない場合は，ステップ (2) に進むまでもなく「解は存在しない」という結論になる．一方で，例えば非負整数解が無限個あるなどの事情でステップ (1) を完遂することが難しい場合や，ステップ (1) がクリアできたとしても，追加条件のチェックが難しければ，この道筋は頓挫してしまう．

　今の場合は，幸いなことに，少なくともステップ (1) で頓挫することはない．至って素朴な解決法があるからだ．理屈は簡単である．$ax + by = n$ を変形すれば，$y = (n - ax)/b$ となるから，$x = 0, 1, 2, 3, \ldots$ の順番で $y = (n - ax)/b$ の値を計算していき，y が非負整数となるところを順次拾っていけば，非負整数解を順番に拾っていくことができる．これは，非負整数解をしらみつぶしに逐次探索していくという，とても地道な作業を行うアルゴリズムである．ただし，ここで重要なことが一つある．それは，探索を延々と無限に続ける必要はなく，有限時間内に必ずすべての非負整数解の探索が終了するという事実である．実際，$y = (n - ax)/b$ が 0 以上であるためには，$x \leq n/a$ であることが必要十分であるから，調べるべき x の範囲は 0 から高々 n/a 程度まででよい．よって，全部で高々有限通りの x について調査をすれば十分である（ただし，その「有限」がとてつもなく大きな有限であることはありうる）．仮に解が存在しない場合でも，「解がない」という事実を知ることができる．

　これでステップ (1) については完了である．ステップ (2) については，追加条件がよほど複雑である場合はともかく，今の三つのシナリオで要求されている条件程度のものであれば困難はない．実際，「$x \leq A$ かつ $y \leq B$ である」「$2x \leq y$ である」という条件の成否は容易にチェックできるし，$|x - y|$ が最

小である解を探すという場合でも，それぞれの解について $|x - y|$ の値を書き出して，その値が最小であるところを探せばいいだけである．これでステップ (2) についても完了である．

このような逐次探索的なアルゴリズムは，確かにあまり効率的には良くないが，自動処理で実行可能な解法にはなっており，これはこれで一つの解決法として成立している．

3.1.2 解の特徴を下調べする

今回の例題で整数の 1 次不定方程式を題材に選んだ一つの理由は，求める解を探す際に解の'構造'をある程度調べておくという思考法をテーマにしたいからである．

何か探し物をするときに，いきなり闇雲に探し始めるという場合もあるだろうが，「このあたりに何かありそうだ」とか「目標物がどのような様子で散らばっているのか」というように，何らかの目星をつけてから探し始めるという場合もよくある．例えば，ある洞窟の中に宝箱がいくつか隠されているけれども，宝箱は密集しているのではなく，まばらに置かれていると知っていれば，一つ宝箱が発見されたとき，他の宝箱はそこからある程度離れたところにしかない．その場合，その宝箱の近辺を探すのは無駄ということになる．

そこで，ここでも $ax + by = n$ の整数解がどのように分布しているのかを下調べしておこう．以下，単に「解」といえば整数解を指すものとする．我々のターゲットは最終的には非負整数解にあるが，ここの議論では非負性にはこだわらずまず一般の整数解について考察し，その次の段階として非負性の条件を考慮に入れることにする．

解の分布を調べるための一つのやり方は，任意の解 (x_0, y_0) から見て他の解 (x_1, y_1) がどのように見えるのかを調べるということである．要するに，ある宝箱から見て，他の宝箱がどれぐらいの位置にあるのかを見極めようというわけである．これらはどちらも $ax + by = n$ の解なので，それぞれ

$$ax_0 + by_0 = n,$$
$$ax_1 + by_1 = n$$

である．上の式から下の式を引いて整理すれば，

$$a(x_0 - x_1) = b(y_1 - y_0) \tag{3.1}$$

となる．ここで $\gcd(a,b) = 1$ であれば，直ちに $x_0 - x_1$ は b の倍数であり，$y_1 - y_0$ は a の倍数であることがわかる．より一般的には，$d = \gcd(a,b)$, $a = a'd$, $b = b'd$ と分解しておいてから，式 (3.1) の両辺を d で割れば

$$a'(x_0 - x_1) = b'(y_1 - y_0) \tag{3.2}$$

となるが，ここで $\gcd(a',b') = 1$ なので，$x_0 - x_1$ は b' の倍数，$y_1 - y_0$ は a' の倍数である．よって，ある整数 u, v を用いて

$$x_0 - x_1 = b'u,$$
$$y_1 - y_0 = a'v$$

と書ける．これを式 (3.2) に代入すれば，$a'b'u = b'a'v$ となるが，この両辺を $a'b'$ で割れば $u = v$ となる．ゆえに $x_0 - x_1 = b'u$, $y_1 - y_0 = a'u$ となるが，これを整理すれば次のように記述できる．

$$(x_1, y_1) = (x_0 - b'u, y_0 + a'u), \quad u \text{ は整数．} \tag{3.3}$$

つまり，(x_0, y_0) から見て別の解 (x_1, y_1) はこの式の形のように見えるというわけである．次は逆に，(x_1, y_1) が式 (3.3) で表されているとすると，

$$
\begin{aligned}
ax_1 + by_1 &= a(x_0 - b'u) + b(y_0 + a'u) \quad (\text{式 (3.3)}) \\
&= (ax_0 + by_0) - ab'u + a'bu \\
&= n - ab'u + a'bu \quad ((x_0, y_0) \text{ は } ax + by = n \text{ の解}) \\
&= n - a'db'u + a'b'du \quad (a = a'd, b = b'd) \\
&= n
\end{aligned}
$$

となって，(x_1, y_1) も $ax + by = n$ の解となる．ここまでの話をまとめると，次の定理が得られる．

定理 3.2 (x_0, y_0) を $ax + by = n$ の任意の整数解とするとき，任意の整数 u について，

$$(x_1, y_1) = (x_0 - b'u, y_0 + a'u) \tag{3.4}$$

も $ax + by = n$ の整数解である．ここで，$a' = a/\gcd(a,b)$, $b' = b/\gcd(a,b)$ である．逆に，$ax + by = n$ の整数解 (x_1, y_1) は，必ずある整数 u を用いて式 (3.4) のように記述できる．

　これで，$ax + by = n$ の解 (x_0, y_0) が何か一つでも見つかれば，そこを起点にしてすべての解の位置を完全に特定できた．つまり，式 (3.4) の整数パラメータ u を調整することで，すべての解を表現できるわけである．この下調べの結果を踏まえると，次のような新しい解法が浮かび上がる．

(1) $ax + by = n$ の整数解 (x_0, y_0) を任意に一つ求める．
(2) 式 (3.4) の x_1, y_1 が非負であり，かつ問題ごとの追加条件に合致するようなパラメータ u の範囲を決定する．つまり，u を調整して，個別の問題が要求する条件に合うようにする．

この新しい戦略でも，ステップ (1) において起点となる整数解 (x_0, y_0) を求めるにはどうすればよいかという問題が残る．ここでまた逐次探索的なことをやり始めると話が振り出しに戻ってしまうので，別の方法を探ってみたい．

3.1.3 拡張互除法

　新しい戦略は，$ax + by = n$ の整数解を何か一つ求めて，それを起点にしようという発想である．しかし，例えば $4x + 6y = 515$ のように整数解が全く存在しない方程式もあるので，解を求めようとする前に，「その方程式には解が存在しないぞ！」ということをチェックできれば安心である．

　ここで突然「$4x + 6y = 515$ には整数解がない」と断言したが，そのことは簡単な観察だけでわかる．$4x + 6y$ は必ず偶数であるが，515 は奇数なので，両辺で偶奇が合わないというだけである．このように，$ax + by$ という形式で書ける整数の性質と n の性質とを比べて，辻褄が合わなければ，整数解が存

在しないという事実を知ることができる．ここの例では偶奇性という簡単な性質に注目しただけであるが，この考え方を少し一般化するだけで次の命題が得られる．

命題 3.3 a, b が d の倍数であるとき，$ax + by = n$ に整数解 (x, y) が存在するならば，n も d の倍数である．

証明 a, b は d の倍数なので，$a = da'$，$b = db'$ （a', b' は整数）と書ける．よって，$n = ax + by = d(a'x + b'y)$ であり，n も d の倍数となる． □

命題 3.3 で，特に d として最大公約数 $d = \gcd(a, b)$ を考えたとき，$ax + by = n$ に整数解が存在するならば，n は $\gcd(a, b)$ の倍数であることがわかる．これの対偶を考えれば，次のようなチェック方法が浮かび上がる．

- $d = \gcd(a, b)$ を求める．これは，第2章の例題 2.9 で紹介したユークリッドの互除法を用いれば容易に計算できる．
- n が d の倍数でなければ，整数解は存在しないと判断する．

整数解がない方程式についてはこれ以上考えても無意味なので，ここからは n が $d = \gcd(a, b)$ の倍数である場合のみに絞って考える．n は d の倍数だから，$n = kd$ （k は整数）という形式で表される．ここで $ax' + by' = d$ となる整数 x', y' がわかれば，その両辺を k 倍すれば $a(kx') + b(ky') = kd = n$ となって，$(x, y) = (kx', ky')$ が $ax + by = n$ の解となることがわかる．よって，実質的には $n = d$ である場合の解法さえわかればよい．すなわち，

$$ax + by = \gcd(a, b) \tag{3.5}$$

の整数解 (x, y) を求める方法がわかれば十分である．とはいっても，そもそもそのような整数解があるのかどうかはまだよくわからない．命題 3.3 では，$ax + by = n$ が整数解を持てば n は $\gcd(a, b)$ の倍数であることを示したが，逆に n が $\gcd(a, b)$ の倍数であれば整数解があるとはいっていないことに注意しておこう．逆は必ずしも真ならず，である．

いずれにせよ，式 (3.5) に整数解 (x, y) があればそれを求め，そうでない場

合には「整数解がない」という事実を知るにはどうすればよいかが問題である．$\gcd(a, b)$ は第 2 章の例題 2.9 で述べたユークリッドの互除法で計算できるが，実は互除法の計算過程を上手に整理すれば，$ax + by = \gcd(a, b)$ の整数解を得ることができる．まずは具体例を見てみよう．

例 3.4　$a = 261, b = 117$ に対して互除法を実行すれば，

$$261 = 2 \times 117 + 27,$$
$$117 = 4 \times 27 + 9,$$
$$27 = 3 \times 9 + 0$$

となる．よって，$\gcd(261, 117) = \gcd(117, 27) = \gcd(27, 9) = 9$ である．この計算過程は，行列を用いて記述すれば次のように整理できる．

$$\begin{pmatrix} 261 \\ 117 \end{pmatrix} = \begin{pmatrix} 2 & 1 \\ 1 & 0 \end{pmatrix} \begin{pmatrix} 117 \\ 27 \end{pmatrix},$$

$$\begin{pmatrix} 117 \\ 27 \end{pmatrix} = \begin{pmatrix} 4 & 1 \\ 1 & 0 \end{pmatrix} \begin{pmatrix} 27 \\ 9 \end{pmatrix},$$

$$\begin{pmatrix} 27 \\ 9 \end{pmatrix} = \begin{pmatrix} 3 & 1 \\ 1 & 0 \end{pmatrix} \begin{pmatrix} 9 \\ 0 \end{pmatrix}.$$

これを順番に繋ぎ合わせれば，

$$\begin{aligned} \begin{pmatrix} 261 \\ 117 \end{pmatrix} &= \begin{pmatrix} 2 & 1 \\ 1 & 0 \end{pmatrix} \begin{pmatrix} 117 \\ 27 \end{pmatrix} \\ &= \begin{pmatrix} 2 & 1 \\ 1 & 0 \end{pmatrix} \begin{pmatrix} 4 & 1 \\ 1 & 0 \end{pmatrix} \begin{pmatrix} 27 \\ 9 \end{pmatrix} \\ &= \begin{pmatrix} 2 & 1 \\ 1 & 0 \end{pmatrix} \begin{pmatrix} 4 & 1 \\ 1 & 0 \end{pmatrix} \begin{pmatrix} 3 & 1 \\ 1 & 0 \end{pmatrix} \begin{pmatrix} 9 \\ 0 \end{pmatrix} \end{aligned}$$

となる．右辺の係数行列を計算すれば，

$$\begin{pmatrix} 261 \\ 117 \end{pmatrix} = \begin{pmatrix} 29 & 9 \\ 13 & 4 \end{pmatrix} \begin{pmatrix} 9 \\ 0 \end{pmatrix}$$

となる．両辺にこの係数行列の逆行列を掛ければ

$$\begin{aligned} \begin{pmatrix} 9 \\ 0 \end{pmatrix} &= \begin{pmatrix} 29 & 9 \\ 13 & 4 \end{pmatrix}^{-1} \begin{pmatrix} 261 \\ 117 \end{pmatrix} \\ &= \begin{pmatrix} -4 & 9 \\ 13 & -29 \end{pmatrix} \begin{pmatrix} 261 \\ 117 \end{pmatrix} \\ &= \begin{pmatrix} 261 \times (-4) + 117 \times 9 \\ 261 \times 13 + 117 \times (-29) \end{pmatrix} \end{aligned}$$

が得られる．ここで両辺で第1成分を比べると

$$261 \times (-4) + 117 \times 9 = 9 (= \gcd(261, 117))$$

を得る．つまり，$x = -4, y = 9$ に対して $ax + by = \gcd(a, b)$ となる． $\square$

　一般的な道筋としては次の通りである．互除法の計算過程は次のような式の系列で表される．

$$\begin{aligned} r_0 &= r_1 q_1 + r_2, \\ r_1 &= r_2 q_2 + r_3, \\ r_2 &= r_3 q_3 + r_4, \\ &\vdots \\ r_i &= r_{i+1} q_{i+1} + r_{i+2}, \\ &\vdots \\ r_\ell &= r_{\ell+1} q_{\ell+1} + r_{\ell+2}. \end{aligned} \tag{3.6}$$

ここで $r_0 = a$, $r_1 = b$ であり，r_i を r_{i+1} で割った商が q_{i+1}，余りが r_{i+2} であ

る．また，最後の $r_{\ell+2}$ は 0 であり，その手前の $r_{\ell+1}$ が $\gcd(a,b)$ である．この計算過程を行列を用いて表せば，

$$\begin{pmatrix} r_i \\ r_{i+1} \end{pmatrix} = P_i \begin{pmatrix} r_{i+1} \\ r_{i+2} \end{pmatrix}, \quad P_i = \begin{pmatrix} q_i & 1 \\ 1 & 0 \end{pmatrix} \qquad (0 \le i \le \ell) \qquad (3.7)$$

となる．これらを順次繋ぎ合わせることで，

$$\begin{aligned} \begin{pmatrix} r_0 \\ r_1 \end{pmatrix} &= P_0 \begin{pmatrix} r_1 \\ r_2 \end{pmatrix} \\ &= P_0 P_1 \begin{pmatrix} r_2 \\ r_3 \end{pmatrix} \\ &= \cdots \\ &= P_0 P_1 \cdots P_\ell \begin{pmatrix} r_{\ell+1} \\ r_{\ell+2} \end{pmatrix} \\ &= P \begin{pmatrix} \gcd(a,b) \\ 0 \end{pmatrix} \end{aligned}$$

となる．ここで，$P = P_0 P_1 \cdots P_\ell$ とおいた．また，$r_{\ell+1} = \gcd(a,b)$，$r_{\ell+2} = 0$ であることにも注意しておく．P_i らはすべて整数成分の行列であって，かつ行列式は -1 だから，P も整数成分の行列であって，その行列式は $(-1)^{\ell+1}$（つまり，1 または -1）である．よって，P は逆行列を持っていて，なおかつ P^{-1} の成分もすべて整数である．したがって，

$$\begin{pmatrix} \gcd(a,b) \\ 0 \end{pmatrix} = P^{-1} \begin{pmatrix} r_0 \\ r_1 \end{pmatrix} = P^{-1} \begin{pmatrix} a \\ b \end{pmatrix}$$

であり，右辺の積を展開して第 1 成分に注目すれば，$ax + by = \gcd(a,b)$ という形式の式が得られる．ここで，x, y はそれぞれ P^{-1} の $(1,1)$-成分と $(1,2)$-成分である．

以上の議論から，次の定理が得られる．つまり，式 (3.5) は必ず整数解を持つのである．

定理 3.5　a, b を整数とするとき，$ax + by = \gcd(a, b)$ を満たす整数組 (x, y) が存在する．

　そして，$ax + by = \gcd(a, b)$ の整数解を求めるためのアルゴリズムとして，**Algorithm 3.1** が得られる．このアルゴリズムはユークリッドの互除法を拡張して得られるので，**拡張互除法**と呼ばれている．

　1: は $b = 0$ の場合の処理であるが，この場合は $\gcd(a, b) = \gcd(a, 0) = a$ であり，$(x, y) = (1, 0)$ に対して確かに $ax + by = a$ となっている．ここで y の値は 0 にセットされているが，0 である必要性はなくて，y の値は実は整数であれば何でもよい．

　2: 以降は $b \neq 0$ である場合の処理である．この場合は，例 3.4 と同様の処理を実行するだけである．

Algorithm 3.1　拡張互除法

Input: 整数 a, b.

Output: $ax + by = \gcd(a, b)$ の整数解 (x, y) を一つ．

1: $b = 0$ ならば，$(x, y) = (1, 0)$ を出力して停止する．
2: （これ以後は $b \neq 0$ のときの処理）
3: $\gcd(a, b)$ を求める互除法の計算過程を式 (3.6) のように記述する．
4: その計算過程を式 (3.7) のように行列表示する．
5: 行列 $P = P_0 P_1 \cdots P_\ell$ の逆行列 P^{-1} を求める．
6: P^{-1} の $(1,1)$-成分を x，$(1,2)$-成分を y として，(x, y) を出力して停止する．

3.1.4　解を調整する

　今考えている戦略は

(1)　$ax + by = n$ の整数解 (x_0, y_0) を一つ求める．
(2)　式 (3.4) の x_1, y_1 が非負であり，かつ問題ごとの追加条件に合致するようなパラメータ u の範囲を決定する．

というものであったが，前項の議論でステップ (1) に対するアルゴリズムは得られた．あとはステップ (2) の処理，つまりパラメータ u をどのように調整すべきかを考えればよい．

まず，少なくとも我々は非負の整数解を求めているわけであるが，式 (3.4) の (x_1, y_1) が非負整数解となる u の範囲は $x_0 - b'u \geq 0$ かつ $y_0 + a'u \geq 0$ となる範囲なので，

$$-\frac{y_0}{a'} \leq u \leq \frac{x_0}{b'} \tag{3.8}$$

である．この範囲に含まれる整数 u があるならば，その u を用いて (x, y) を式 (3.4) に従って $(x, y) = (x_0 - b'u, y_0 + a'u)$ で定めれば，それが非負整数解になる．この範囲に整数 u が存在しない場合は，非負整数解は存在しない．

補足 3.6 式 (3.8) で，y_0/a' や x_0/b' は必ずしも整数値ではない．よって，実際には式 (3.8) は

$$\lceil -y_0/a' \rceil \leq u \leq \lfloor x_0/b' \rfloor \tag{3.9}$$

と書き換えられる．ここで，実数 α に対して，$\lceil \alpha \rceil$ は α 以上で最小の整数を表し，$\lfloor \alpha \rfloor$ は α 以下で最大の整数を表しており，それぞれ**天井関数**，**床関数**と呼ばれている．

式 (3.9) を満たす整数 u が存在するかどうかを判定するには，$c = \lceil -y_0/a' \rceil$ と $f = \lfloor x_0/b' \rfloor$ の値をそれぞれ求めておいて，$c \leq f$ であるかどうかを判断すればよい．$c \leq f$ であれば，望みの整数 u は存在するし，$c > f$ であれば存在しない． $\square$

これに加えて，例えば「プレゼント問題」では，A の残りが M 個，B の残りが N 個であるという場合には，$x_1 \leq M$ かつ $y_1 \leq N$ であるという条件がつく．よって，さらに $x_0 - b'u \leq M$ かつ $y_0 + a'u \leq N$，すなわち

$$\frac{x_0 - M}{b'} \leq u \leq \frac{N - y_0}{a'}$$

であるという条件も追加される．よって，非負解となるための条件式 (3.8) と合わせれば，u の範囲は

$$\max\left\{\left\lceil \frac{x_0 - M}{b'} \right\rceil, \left\lceil -\frac{y_0}{a'} \right\rceil\right\} \leq u \leq \min\left\{\left\lfloor \frac{N - y_0}{a'} \right\rfloor, \left\lfloor \frac{x_0}{b'} \right\rfloor\right\} \tag{3.10}$$

となる．この範囲に整数 u が存在しない場合は，望みの条件を満たす解は存在しない．ここまでの話を総合すれば，プレゼントの問題に対するアルゴリズ

ムを **Algorithm 3.2** のように構成できる.

Algorithm 3.2 「プレゼント」問題を解くアルゴリズム

Input: 整数 a, b, n, M, N.

Output: $ax + by = n$ の整数解 (x, y) のうち,$0 \leq x \leq M$ かつ $0 \leq y \leq N$ を満たすもの.

1: **(1) 準備**
2: 互除法を用いて $d = \gcd(a, b)$ を求める.
3: n が d の倍数でなければ「解なし」と出力して停止する.
4:
5: **(2) 起点となる整数解を求める**
6: 拡張互除法を用いて,$ax' + by' = d$ となる整数 x', y' を求める.
7: $(x_0, y_0) \leftarrow (kx', ky')$ (ただし $k = n/d$)とおく.
8:
9: **(3) パラメータを調整する**
10: $a' \leftarrow a/d$, $b' \leftarrow b/d$ とおく.
11: $m_0 \leftarrow \max\{\lceil (x_0 - M)/b' \rceil, \lceil -y_0/a' \rceil\}$ とおく.
12: $m_1 \leftarrow \min\{\lfloor (N - y_0)/a' \rfloor, \lfloor x_0/b' \rfloor\}$ とおく.
13: $m_0 > m_1$ であれば,「解なし」と出力して停止する.
14: **for** $u = m_0$ から始めて,$u = m_1$ に至るまで次の処理を繰り返す **do**
15: $\quad (x, y) = (x_0 - b'u, y_0 + a'u)$ を出力する.
16: $\quad u \leftarrow u + 1$ とする.
17: **end for**

練習 3.7 **Algorithm 3.2** に倣って,「ポイントで買い物 (1)」と「ポイントで買い物 (2)」についてもそれぞれアルゴリズムを構成せよ.可能であれば,構成されたアルゴリズムを Python などのプログラミング言語を用いて実装せよ.

3.2 売上を最大にしたい

U 高校の天文学部では,今度の文化祭で模擬店としてカフェを開店するこ

とになった．今日はリーダーの大島さんの家に部員全員が集まり，カフェで出すためのマフィンとクッキーの試作を行っている．以下の会話は，できあがったマフィンとクッキーの試食時のものである．

「このクッキー，うまいな」

「でしょー！　私が作ったんだから」

「おまえは生地かき混ぜてただけだろう？」

「失礼ね，オーブンの温度も見たわよ！　そっちこそ準備は大丈夫なの？」

「ああ，何とか間に合うと思うよ」

「こっちのマフィンも Delicious!」

「ありがとう．それならどっちも商品になりそうね」

「1 個いくらで売る？」

「そもそも，材料は十分に手に入るのか？　食べ物を売る部活も多いだろうから，材料が売り切れになると困るよなぁ」

「うちは乳製品を販売しているので，牛乳とバターは準備できますよ」

「それだとあとは小麦粉とお砂糖ね」

こんな他愛もない会話をしているうちに，次のことがわかったり決まったりした．

- 小麦粉と砂糖については，文化祭当日にならないとどのくらい手に入るかわからない．しかし，それ以外の材料（卵，バター，牛乳，塩など）については十分に手に入れることができる．
- マフィンとクッキーを 1 個作るのに必要な小麦粉と砂糖の量，および 1 個あたりの販売価格は表 3.1 の通り．

表 3.1　マフィンとクッキーの材料と価格

製品	材料 (g)		販売価格 (円)
	小麦粉	砂糖	
マフィン	25	15	60
クッキー	7	3	15

さて，文化祭前日，小麦粉が3000 g，砂糖が1600 gそれぞれ手に入った．作ったマフィンとクッキーがすべて売れると仮定したとき，売り上げを最大にするためにはマフィンとクッキーをそれぞれ何個ずつ作ればよいか？

3.2.1 線形整数計画問題

今回の問題設定でも，3.1節と同じような感じで，問題の抽象化は与えられた条件を数式で表現するだけで比較的素直にできる．マフィンを x 個，クッキーを y 個それぞれ作ることにすると，売り上げは

$$60x + 15y \quad （円） \tag{3.11}$$

になる（作ったマフィンとクッキーはすべて売れると仮定していることに注意）．このときの小麦粉と砂糖の使用量および入手量を考えると，次の二つの不等式が得られる．

$$25x + 7y \leq 3000, \tag{3.12}$$

$$15x + 3y \leq 1600. \tag{3.13}$$

また，クッキーを −5 個作る，などということはできないので

$$x, y \geq 0 \tag{3.14}$$

という条件も必要である．さらに「マフィンやクッキーを半分に割って売る」というわけにはいかないので，「マフィンとクッキーの個数は整数でなければならない」という条件も必要となることに注意しよう．

以上のことを踏まえると，この問題は次のようになる．

問題 3.8 条件 (3.12)-(3.14) の下で，式 (3.11) を最大にするような整数 x と y の値を求めよ．

問題 3.8 を少しだけ一般化しておこう．

> 問題3.9 マフィンとクッキーを1個作るのに必要な小麦粉と砂糖の量
> は，表3.1の通りとする．また，1個あたりの販売価格はマフィン a 円，
> クッキー b 円とする．文化祭当日手に入った小麦粉と砂糖はそれぞれ A
> g，B g とする．作ったマフィンとクッキーがすべて売れると仮定したと
> き，売り上げを最大にするためには，マフィンとクッキーをそれぞれ何個
> ずつ作ればいいか．

　これは「線形計画問題」と呼ばれる種類の問題の一種であるが，解（問題
3.8では x と y）の値が整数に限定されるので，**線形整数計画問題**と呼ばれて
いる．もし，解が整数に限定されず実数をとりうるのであれば，「単体法」と
呼ばれる実用的な手法が知られているし，変数の個数が少ない場合では高校数
学でも「領域における最大・最小値の問題」としてよく取り扱われる問題であ
る．しかし，解が整数であるという制限がつく場合には話はそこまで簡単では
ない．仮に単体法で解いたとしても x と y が両方とも整数になるとは限らな
いし，x と y の小数部分を切り上げ，あるいは切り捨てした値が最適解になる
とも限らない．

　実は，線形整数計画問題は **NP 困難**と呼ばれる種類の問題であり，（任意の
線形整数計画問題を）効率的に解くアルゴリズムは存在しないと信じられてい
る．ただし，問題の形（与えられる条件のスタイル）にある程度制限をつけれ
ば，効率的に解くアルゴリズムが存在する場合もある．また，厳密な最適解で
はないにしても，それに十分近い解（近似解）を求めるためのアルゴリズムも
考えられている．本節ではそれらを紹介するのではなく，いわゆる「総当たり
法」で解くことを考える．

3.2.2 総当たり法で解く

　ここでいう総当たり法とは「解を全列挙し，その中から最適解を求める」方
法である．問題3.8の場合，条件を満たす整数解は有限個なので理論上は全列
挙で解くことができる．しかし，作るお菓子の種類や材料が増えると手間が膨
大になり，現実的な方法ではなくなる．ゆえに厳密に最適解を求めたい場合，
列挙の際に無駄をできるだけ省いて手間を減らすという戦略をとるのが普通で

ある．実際，そのための方法として「動的計画法」や「分枝限定法」などが考えられている．ここでは，問題の性質に着目して以下の戦略で解くことにする．

(1) マフィンを1個も作らない（0個作る）とし，クッキーをいくつ作れば売り上げが最大になるか考える．作ったマフィンとクッキーはすべて売れると仮定しているので，作れば作るほど売り上げは大きくなる．そこで，マフィンを0個作ったとき，残りの材料で作ることのできるクッキーの最大個数とそのときの売り上げを計算する．そして，マフィンとクッキーの個数および売り上げを記憶しておく．

(2) マフィンを1個作ったとし，残りの材料で作ることのできるクッキーの最大個数とそのときの売り上げを計算する．もし売り上げが (1) で記憶したものより大きい場合，マフィンとクッキーの個数および売り上げを上書きで記憶する．

(3) マフィンの個数を 2, 3, . . . と増やしていき，各々に対して残りの材料で作ることのできるクッキーの最大個数と売り上げを計算する．売り上げが記憶していたものより大きい場合は，その都度マフィンとクッキーの個数および売り上げを上書き記憶する．

　上で述べた戦略をアルゴリズムにする前に，いくつか計算をしておこう．まず，マフィンを x 個作るとする．このときに必要な小麦粉と砂糖の量はそれぞれ $25x$ と $15x$（単位は g）になり，マフィンを作った後の残りの小麦粉と砂糖の量はそれぞれ $A - 25x$ と $B - 15x$（単位は g）となる．残りの小麦粉と砂糖で作ることのできるクッキーの個数は

$$y = \min\left\{ \left\lfloor \frac{A - 25x}{7} \right\rfloor, \left\lfloor \frac{B - 15x}{3} \right\rfloor \right\} \tag{3.15}$$

となる．ただし $\lfloor \cdot \rfloor$ は床関数（補足 3.6 参照）である．ゆえに，売り上げは

$$ax + by \tag{3.16}$$

となる．これらの式を利用すると，**Algorithm 3.3** が得られる．

練習 3.10　**Algorithm 3.3** を利用して，問題 3.8 を解け．

Algorithm 3.3 マフィンとクッキーを作る個数とその売り上げ

Input: 1 個あたりのマフィンの価格 a, 1 個あたりのクッキーの価格 b.

Input: 当日手に入った小麦粉の量 A, 当日手に入った砂糖の量 B.

Output: 売り上げを最大にするマフィンの作成量 x_0, クッキーの作成量 y_0,
　　売り上げ z_0.

1: x_0, y_0, z_0, x, y, z をすべて 0 とおく.

2: **while** $25x \leq A$ かつ $15x \leq B$ である間は次の処理を繰り返す **do**

3: 　　$y \leftarrow \min\{\lfloor (A - 25x)/7 \rfloor, \lfloor (B - 15x)/3 \rfloor\}$, $z \leftarrow ax + by$ とおく.

4: 　　**if** $z > z_0$ **then**

5: 　　　　$x_0 \leftarrow x, y_0 \leftarrow y, z_0 \leftarrow z$ とおく.

6: 　　**end if**

7: 　　x の値を $x + 1$ に更新する.

8: **end while**

9: x_0, y_0, z_0 を出力して停止する.

3.3 スケジュールを組み立てる

　やらないといけないことは山ほどあるのに全く何も手につかないし, 何から
手をつけたらいいのかすらわからない. 目の前には仕事の山があるものの, こ
の仕事はあの仕事の結果がわからないことには始められないから後回しにしよ
うか. こっちの仕事とそっちの仕事は同時進行しようと思えばできるけれど,
身体は一つしかないし, マルチタスキング[1] は疲れるだけで結局は非効率だと
いう話も聞くからできれば避けたい. さて, どの仕事から先に片付けたらいい
のかなぁ…….

　多忙な現代人にはありがちなシチュエーションである. 山ほどある仕事を何
とかしたい. 一番の解決策は仕事そのものを減らすことであるのは十分承知で

---

1) 諸説あるが, 人間は一見すると複数のタスクを同時進行でこなしているように見えても,
実際には複数のタスク間にわたって非常に短い時間間隔で注意を素早く移動させているだけ
であり, マイクロ時間のシングルタスキングを連続してやっているだけだともいわれる. も
しそうなら, 脳が疲れるのも無理はなさそうだが.

あるが，それはできない相談だということになれば何とかしてうまいスケジュールを考えて地道に処理するしかない.

3.3.1　問題の定義と抽象化

さて，何だか暗い気分の始まり方であるが，今回の例題はタイトル通り「スケジュールの組み立て」がテーマである. 処理されるべきタスク（仕事）がいくつか（場合によっては山ほど）あるが，タスクの間には依存関係があって，「タスク A とタスク B が終わらないことにはタスク C に着手できない」などという事情がある. 例えば，「キャベツを切る」「卵を割る」「小麦粉を計量する」というタスクが完了しないと「お好み焼きの生地を焼く」というタスクは実行できない，というように.「キャベツを切る」「紅生姜を切る」というタスクはどっちを先にやってもいいし，何なら同時進行することも可能かもしれない. しかし，どちらかを先に切ってからもう一方を切るというように，順番に処理するという人の方が多いだろう.「どうせならキャベツの中に紅生姜を混ぜ込んで一緒に千切りにしましょう」というレシピはあまり見かけない. そこで，ここでもこのようなマルチタスキングはひとまず考慮外にしておこう.

さて，話がお好み焼き方面に逸れてきたので元に戻ってみると，今の状況は次のようにまとめられるだろう.

- 複数のタスクがある.
- それらのタスクの間には，「これが完了しないとあれを開始できない」という依存関係がある.

そして，最終的にはそれらのタスクを 1 列に並べて順番に処理していきたいというわけである. もちろん，その処理順は与えられた依存関係に従ったものでなければならないことはいうまでもない. 生地を作る前に生地を焼くという手順がきてはいけないのである（あ，また話がお好み焼き方面に……）.

このような問題設定を抽象化していこう. まず，与えられたタスクたちを集めて一つの集合 X で表しておくのは（数学的な道具を使おうとするのであれば）自然な発想であろう. 以下，当然ながらこれは空でない有限集合であることを前提にしておく.

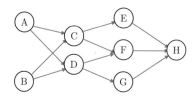

図 3.1 タスク集合 $X = \{A, B, \ldots, H\}$ とその依存関係構造の
図示例．例えば，辺 C → E は「C を終えてから E を処理する」
という依存関係を表している．

X はタスクの集まりであるとはいってもそれは単なる集合体ではない．タスクの依存関係という「構造」を持った集合である．その構造に関する情報は，抽象的には直積集合 $X \times X$ の部分集合 D として表現できる．ここで，直積集合 $X \times X$ は X の二つの要素から成る組 (x, x') の全体集合である[2]．つまり，$(x, x') \in D$ であることは「x が終わってから x' を処理する」という依存関係を表すものと読めばよい．こうして，X は，D という構造情報が付加された集合であると見なされる．

このような構造は，図 3.1 のように有向グラフを利用すれば図的に表現できる．**グラフ**とは，この図のようにいくつかの点が辺で結ばれた組み合わせ構造であり，複数の対象物にわたる何らかの関係性を図的に表現するためによく用いられる便利な概念である．グラフについては巻末付録 A の A.4 節を参照のこと．

タスク処理の**スケジュール**とは，単に X に属するタスクらが何らかの順番で 1 列に並んだ順序列

$$x_1, x_2, \ldots, x_n$$

である．これはもちろんのこと，与えられたタスクをこの順序で処理していくという意味である．わざわざ**順序列**という言葉を使ったのは，タスクが並ぶ順番に意味があるからである．ただし，「どのタスクもどこかの段階でちょうど

---

2) ただし，(x, x') は**順序組**（**順序対**ともいう）であり，$x \neq x'$ である限り (x, x') と (x', x) は別の組として区別される．直積集合など，集合に関する基本的事項については巻末付録 A の A.1 節を参照のこと．

1度だけ処理される」ことを踏まえて,「X のどの要素も $x_1, x_2, \ldots, x_n$ の中にちょうど1回ずつ現れる」という条件を満たす順序列に限定する必要がある.タスクを処理する順番に関する依存関係は D で規定されており,(x_i, x_j) $\in D$ であれば必ず $i < j$ でなければならない,つまり x_i の方が x_j よりも先に処理されるべきである.この条件を満たすスケジュールは D に**整合する**ということにしよう.こうした抽象化によって,我々の問題は次のように表現できるようになった.

問題3.11 タスクの集合 X と依存関係 $D \subseteq X \times X$ が与えられたとき,D に整合するスケジュールを求めよ.

これで抽象化は終わったので早速次に自動化アルゴリズムの構成に……といきたいところであるが,その前に依存関係 D について少し補足しておこう.

すでに述べた通り,$(x, x') \in D$ は「x' は x の後で処理する」という依存関係を表現しているので,それをもっと視覚的に $x \to x'$ と記述することにしよう.ここで観察しておきたいことは次の点である.

> もし $x \to x'$ かつ $x' \to x''$ である場合には,処理順としては x'' は x の後ろにくるはずである.

このように,$x \to x''$ であることが D によって直接規定されていない場合であっても,$x \to x'$ かつ $x' \to x''$ である場合には,その両者を繋げて推移的に $x \to x''$ であることも D による帰結であると見なされるべきである.生地を作った後に生地を焼く工程があり,生地を焼いてからソースを塗るのであれば,「生地を作る」後に「ソースを塗る」工程がくるのは,たとえそれが明示されていなくても当然のことである.このことを踏まえて,一般に任意の $x, x' \in X$ について,$x \twoheadrightarrow x'$ であることを[3]次の条件で定義する(図3.2).

> あるタスク $x_0, x_1, \ldots, x_k \in X$(ただし $x = x_0$, $x_k = x'$)が存在して,$x_{i-1} \to x_i$($1 \leq i \leq k$)が成り立つ.

---

3) 矢印が2本になっていることに注意!

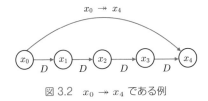

図 3.2 $x_0 \twoheadrightarrow x_4$ である例

　もちろん，$x \twoheadrightarrow x'$ は「x' は x 以降にくる」ことが D から当然に導かれるという意味である．なお，この定義で $k = 0$ の場合も許しておけば，どのタスク x についても $x \twoheadrightarrow x$ であることになる[4]．数学の用語では，$\twoheadrightarrow$ は $\to$ の**反射推移閉包**と呼ばれる関係である．ここで反射性は $x \twoheadrightarrow x$ であること，推移性は $x \twoheadrightarrow x'$ かつ $x' \twoheadrightarrow x''$ であれば $x \twoheadrightarrow x''$ であることを，それぞれ意味している．

　上で述べた通り，$x \twoheadrightarrow x'$ は「x' は x 以降にくる」という意味になる．だから，$x \twoheadrightarrow x'$ と $x' \twoheadrightarrow x$ の両方が成り立つなどという場合には，結局 x' は x よりも先に処理すべきなのか後に処理すべきなのかがわからなくなってしまう．したがって，$x \twoheadrightarrow x'$ と $x' \twoheadrightarrow x$ が両立するのは，$x = x'$ の場合だけでなければならない．

　以上のことをまとめると，D から導かれた反射推移閉包 $\twoheadrightarrow$ は次の条件を満たしていることが期待されるわけである．

- 反射性：どの $x \in X$ についても $x \twoheadrightarrow x$ である．
- 推移性：$x \twoheadrightarrow x'$ かつ $x' \twoheadrightarrow x''$ ならば，$x \twoheadrightarrow x''$ である．
- 反対称性：$x \twoheadrightarrow x'$ と $x' \twoheadrightarrow x$ が両立するのは，$x = x'$ の場合だけである．

数学の用語では，これら 3 条件を満たす関係 $\twoheadrightarrow$ はまさに**順序関係**であるといわれる．確かに，上の三つの条件は我々が「順序」という言葉に関して持っているイメージをうまく拾い上げている．特に，最後の反対称性は $x \leq x'$ かつ $x' \leq x$ であれば $x = x'$ であるという，数の大小関係が持つ性質の自然な一般

---

4) x は x 以降なのでこれでも特に不都合はない．

化である.

ただし,一般の順序関係では数の大小関係とは違い,**どの二つの要素の間にも必ず大小関係がつくとは限らない**ことには注意を要する.つまり,$x \to x'$ と $x' \to x$ のどちらも成立しないという場合があってもよい.「キャベツを切る」と「紅生姜を切る」はどちらを先にやってもいいように,依存関係にはない二つのタスクが存在してもよい.数の大小関係のように,「どの二つの要素の間にも必ず大小関係がつく」という条件を満たす順序は,特に**全順序**と呼ばれる.

D を図 3.1 のように有向グラフを用いて表現すれば,$\to$ はグラフ上に辺が存在するという意味であり,反射推移閉包 $\twoheadrightarrow$ は「x から x' への経路が存在する」という意味に読み取れる.例えば,図 3.1 には経路 A $\to$ D $\to$ G があるので A $\twoheadrightarrow$ G である,などというように読めばよい[5].このような図的な理解でいえば,$\twoheadrightarrow$ が反対称的であることは,矢印に沿ってぐるっと 1 周して出発点に戻ってくる経路が存在しないことを意味する.そのような経路を持たない有向グラフは**非巡回的**であるといわれる.

3.3.2 整合するスケジュールを求める

いよいよ自動化の段階に入っていこう.与えられる情報は,タスク集合 X とそれに付随する依存関係 $D \subseteq X \times X$ である.求めるべき解は,D に整合するスケジュールである.D を求めるための最も自然な戦略は,おそらく「一番最初に処理してもよいタスク」から着手するということであろう.ここで,「一番最初に処理してもよいタスク」とはすなわち「それよりも先に処理しておくべきタスクがない」タスクのことである.タスク x に対して,$x' \to x$ となるタスク $x'(\neq x)$ が全く存在しないとき,x は一番最初に処理してもよいタスクの候補になる,ということである.このようなタスク x は**極小**であるということにする.

最初に極小なタスクをすべて挙げて,それらを任意の順番で 1 列に並べておく.これはもちろん,それらの極小タスクをその順番で真っ先に処理すると

---

5) 反射性については,やや無理やりだが「どの点にもその点から動かない長さが 0 の経路がある」と考えておけばよい.

いうことである．極小タスクらの間には依存関係はないから[6]，それらはどの順番で処理しても構わない．

さて，極小タスクらが一通り片付いた後を考えよう．その次に手をつけるべきは，もちろん残されているタスクのうちで極小なものである．もし x がそのようなタスクであるとすると，x よりも先行すべきタスクはすべて極小タスクであるが，それらはすでに片付いているので，今の段階では x はいつでも着手可能である．そこで，残っているタスクのうちで極小であるタスクをすべて挙げて，それらを任意の順番で1列に並べて処理していく．その次は，同様にしてまだ残っているタスクのうちで極小なものを片付けていく．この手続きを，残存タスクがなくなるまで繰り返せばよい．

この方法を **Algorithm 3.4** に記述しておこう[7]．S は最終的なスケジュールを格納するリストであり，アルゴリズムの処理が進むごとに S が成長していくようになっている．

実は，このアルゴリズムを実行すると無限ループに陥る場合がある．それは，現在残されているタスクが $x_1, x_2, \ldots, x_k$ であり，それらが D に関して

$$x_1 \to x_2 \to \cdots \to x_k \to x_1$$

のように有向ループを構成している場合である．つまり，図3.1のような有向グラフ表現を借りれば，そのグラフが非巡回的ではない場合である（これは，$\to$ の反射推移閉包 $\twoheadrightarrow$ が反対称的でない場合に相当する）．このとき，どの x_i も残存しているタスクの中で極小ではなく，したがって6行目で求められる M は空集合である．よって，8行目の実行が終わっても X は元のままであり，この先はずっと同じことの繰り返しで，$X = \emptyset$ という状態に移行することはない．こうして無限ループに陥る．そしてこの場合は，結局 x_1 は x_k よりも先にすべきか後にすべきかが決まらないので，そもそも D に整合するスケジュールは存在しない．

一方で，上記のような有向ループが出現しない場合（図3.1のグラフが非巡

---

6)　相異なるタスク x, x' の間に依存関係 $x \to x'$ があれば x' は極小タスクではない．
7)　Kahn, A. B.: Topological sorting of large networks, *Communications of the ACM*, **5**, pp.558-562, 1962.

Algorithm 3.4　スケジューリングを求める (1)

Input: タスク集合 X, 依存関係 $D \subseteq X \times X$.

Output: D に整合するスケジュール.

1: **(1) 初期化**
2: 　$S = \emptyset$ （空っぽのリスト）とおく.
3:
4: **(2) メインループ**
5: 　$X \neq \emptyset$ である間は次の 6:〜8: を実行する.
6: 　　X に属する極小タスクをすべて求めてその全体を M とする.
7: 　　M のすべての元を任意の順番で S の末尾に追記していく.
8: 　　X から M を削除する.
9:
10: **(3) 結果を出力**
11: 　リスト S の中身を出力して停止する.

回的である場合）には，アルゴリズムは正しく D に整合する何らかのスケジュールを出力して停止する.

練習 3.12　**Algorithm 3.4** が無限ループに陥らないようにするには，どのように改造すればよいかを検討せよ.

　この問題に対しては，**Algorithm 3.4** とは異なるアルゴリズムも考案されているので，そちらについても簡単に触れておこう[8]．タスク $x \neq x'$ に対して $x \to x'$ であるとき，x' は x の「後続」であるということにしよう．こちらのアルゴリズムでは **Algorithm 3.4** とは視点が逆向きになっていて，「タスク x を処理するタイミングは，それに後続するすべてのタスクの手前であるべき」という発想に基づいている．だから，イメージとしては「最後に処理されるタスクから逆順に決定していく」という動作になる.

　この発想に基づくアルゴリズムを再帰構造を用いて記述したものが **Algo-**

---

8)　Tarjan R. E.: Edge-disjoint spanning trees and depth-first search, *Acta Informatica*, **6**, pp.171–185, 1976.

Algorithm 3.5　スケジューリングを求める (2)

Input: タスク集合 X, 依存関係 $D \subseteq X \times X$.

Output: D に整合するスケジュール.

1: **(1) 初期化**
2: 　　$S = \emptyset$ （空っぽのリスト）とおく.
3: 　　すべての $x \in X$ について $s(x) = $ unfixed とおく.
4:
5: **(2) メインパート**
6: 　　すべての $x \in X$ について手続き Fix(x) を実行する.
7:
8: **(3) 結果を出力**
9: 　　リスト S の中身を出力して停止する.
10:
11: **(4) 手続き Fix(x)**
12: 　　もし $s(x) = $ fixed であれば直ちに終了する.
13: 　　x に後続するすべての $x' \in X$ について Fix(x') を実行する.
14: 　　x を S の先頭に追記する.
15: 　　$s(x)$ を fixed に更新して終了する.

---

rithm 3.5 である. S は, 最終的な出力結果となるスケジュールを保存する変数である. $s(x)$ はタスク x の処理順をすでに決定したかどうかという状態を表す変数であり, 初期状態はすべての x について $s(x)$ は unfixed（未決定）である（3 行目）. メインパートはすべてのタスク x について, それを処理するタイミングを決定する手続き Fix(x) を実行する指令を出しているだけで, 9 行目はリスト S を最終結果として出力しているだけである.

　アルゴリズムの実質的な心臓部はもちろん 11 行目から 15 行目の手続き Fix である. 12 行目では, x の状態がすでに fixed（決定済）となっている場合は何もする必要がないので直ちにここで終わるが, そうでない場合は 13 行目以降が実行される. 13 行目では, x に後続するすべてのタスク x' についてその

処理順を決定するために Fix(x') を実行しているが，ここの部分は再帰的な実行である．（x に後続するタスクがないときは 13 行目では何も実行されず，14 行目と 15 行目を実行するだけである）．そしてひとしきり x に後続するタスクの実行順が決まった時点で，それらに先行する形で先頭に x を追加するのであるが，これが 14 行目である．これで x の処理順は決定したので，x の状態を fixed（決済済）に更新すれば終わりである．これが 15 行目である．

なお，こちらのアルゴリズムでも有向ループが存在する場合には 13 行目で再帰呼出の無限連鎖が発生して無限ループに陥る．

3.3.3 補 足

本節で題材とした問題は，図 3.1 のような有向グラフによる表現を借りるならば，「有向グラフ G に対して，そのすべての頂点を全順序 $\leq$ によって順序づけて，どの有向辺 $x \to x'$ を見ても $x \leq x'$ が成り立つようにする」という問題である．このような条件を満たす頂点の順序づけは有向グラフ G に対する**トポロジカルソート**と呼ばれている．

与えられた対象物（ここでは有向グラフの頂点）を 1 列に並べる，すなわち堅苦しくいえば「全順序によって順序づける」という点でこの問題は第 2 章の例題 2.19 で扱った整列問題（ソート）の親戚筋に当たる問題である．ただし，例題 2.19 では与えられる情報は自然数の列であり，自然数の大小関係に基づいてそれらを並べ替えるだけでよかったが，トポロジカルソートでは頂点らの間に成立する順序は部分的にしか与えられておらず，それを全順序に拡張することが求められているという大きな違いがある．つまり，自然数のようにあらかじめ決められている全順序に従って並べ替えるのではなく，全順序自体は自分で決めないといけないのである．

本文中で述べたように，与えられた有向グラフが非巡回的でない場合にはトポロジカルソートは不可能であるが，逆に非巡回的なグラフはトポロジカルソートが可能であり，本文中で述べた二つのアルゴリズムを用いればトポロジカルソートを求めることができる．

この節ではタスクスケジューリングという文脈でトポロジカルソートを導入したのであるが，実際にタスクスケジューリングはトポロジカルソートの典型

的な応用事例として重要である. そもそも，この概念が生まれた動機はある種のプロジェクトマネジメント手法にあるといわれている.

さて，ここからは余談であるが，実は無限個の頂点を持つ「無限有向グラフ」についても同様のことが成立することが知られている. すなわち，G が有限であるか無限であるかを問わず，それが非巡回的な有向グラフであれば，必ずトポロジカルソートが存在する. ごく荒っぽくいえば，G に新しい有向辺を（新たに有向ループを生み出さないようにして）どんどん追加していくという操作を繰り返して，G のすべての点を 1 回ずつ通る無限に長い経路を生み出せるようにすればよいということである[9]. この事実は，たとえ無限集合上であっても任意の順序関係は必ず全順序関係の一部になっているという事実を示している.

3.4 レジはお釣りを自動で支払う

第 1 章の例題 1.3 および第 2 章の例題 2.18 で「お釣りを支払う」というシナリオで例題を考えたが，ここではその発展形を題材にする. まずは次のような問題設定から出発しよう.

> 問題 3.13 　2022 年現在の日本の貨幣体系では，1 円，5 円，10 円，50 円，100 円，500 円硬貨と，1000 円，5000 円，10000 円紙幣がある. それぞれの硬貨および紙幣が十分多くあるとき，お釣りの金額 n（円）が任意に指定された場合に，n 円を支払う際に使用される硬貨・紙幣の総枚数が最小になるようにするにはどうすればよいだろうか？

ただし，ここでは 2000 円札および 10 万円記念硬貨などの特殊な存在はここでは無視する. そのおかげというわけではないが，実はこの問題はごく簡単に解決できる. 以下，「硬貨」「紙幣」と言葉を使い分けるのが面倒なのですべ

---

9) ただし，一般には辺の追加が無限回必要であり，最終的な完成形は無限の彼方にある. この点は，理論的には無限に関する「選択公理」と呼ばれる公理を使ってうまく処理できるのだが，その話は本書の範囲外の話題なので深入りしない.

て「硬貨」で統一することにする（1000円硬貨というのはやや違和感がある
が）．日本の貨幣体系はうまくできており，「その時点で使用できる最も高額な
貨幣を優先的に使う」という単純な方法で，常に硬貨の使用枚数を最小にする
ことができる．例えば，$n = 4637$ 円を支払いたいときには，

- 10000円硬貨と5000円硬貨は使えないのでスキップする．次の1000円
  硬貨については4枚まで使えるので，めいっぱい4枚使うことにする．
- 残りは $4637 - 4 \times 1000 = 637$ 円である．この時点で使える最も高額な硬
  貨は500円硬貨であり，1枚まで使うことができる．
- 残りは $637 - 1 \times 500 = 137$ 円である．これ以後は詳細は省略するが，
  100円硬貨を1枚，10円硬貨を3枚，5円硬貨を1枚，1円硬貨を2枚，
  それぞれ使えばよい．

以上のようにすれば，合計で $4+1+1+3+1+2 = 12$ 枚の硬貨で4637円を
支払うことができる．スーパーのレジや駅の券売機などに置いてある機械が自
動的に枚数最小になる組み合わせでお釣りを払い戻すことができるのも，この
ような単純な方法で解決できるからである．

　それでは，ちょっと極端だが，第1章の例題1.3のように貨幣体系がすべて
素数になっていたらどうだろうか？　そこまで極端でなくても，例えば時の政
権が突然「7円硬貨と43円硬貨を新たに導入します！」などと言い始めたら
どうだろうか？　それでもやはり，高額な硬貨を優先的に使っていけば使用す
る硬貨の枚数が必ず最小になるのだろうか？　もはやそうではないことはごく
簡単な事例からわかる．例えば，$n = 136$ 円を支払うという場合，

- 高額硬貨を優先的に使う場合は，100円硬貨1枚，10円硬貨3枚，5円
  硬貨1枚，1円硬貨1枚で合計 $1+3+1+1 = 6$ 枚の硬貨を使用する．
- 一方で，43円硬貨を3枚と7円硬貨1枚で $3 \times 43 + 1 \times 7 = 136$ 円を支
  払うことができるが，こちらは4枚の硬貨しか使用していない．

このように，貨幣体系の構成によっては，「常に高額硬貨を優先的に使う」と
いう方法では，お釣りを作るのに必要な硬貨の枚数が必ずしも最小にならな
い．このことから，次の二つの問題が浮かび上がってくる．

問題 3.14 とある貨幣体系を考える.

(A) その貨幣体系が，お釣りを支払う際に「常にその時点で使用可能な最も高額な硬貨を優先的に使う」という方法でよいように設計されているかどうかをどうやって判定できるか？

(B) ターゲットの金額 t が任意に指定されたとき，この貨幣体系において必要最小数の硬貨を用いて t 円を構成するにはどうすればよいか？

これはまさに change making problem （お釣りを構成する問題）と呼ばれる種類の有名な組み合わせ論の問題である．(A) は与えられた貨幣体系が一定の条件を満たしているか否かを判定する問題であり，(B) は何らかの基準量（ここでは使用される硬貨の枚数のこと）を最小あるいは最大にすることを目的とする最適化問題である．

3.4.1 抽象化

まず，「貨幣体系」というのは単なる自然数の系列であると見なすことにそれほどの違和感はないだろう．この際，貨幣単位が「円」だろうが「ドル」だろうが「ユーロ」だろうが，そんなことは問題の本質には関係ないので，単位のことは気にしなくてもよい．そこで，**貨幣体系**とは自然数の有限な増加列

$$a_1 < a_2 < \cdots < a_n$$

のことであると定義しておこう．ここで，a_i は i 番目に低額な硬貨の額面を表す抽象化であることはいうまでもない．n は硬貨の種類数である．

ただし，ここで一つだけ注意すべきことがある．第 1 章の例題 1.3 でも言及されていることであるが，例えば貨幣体系が $3, 7, 13, 57, \ldots$ のような構成であるとき，1 円と 2 円を構成することができないし，4 円，8 円，11 円なども構成できない（例題 1.3 の言葉を借りれば，これらの金額は「表現可能」ではない）．このように，貨幣体系の構成によっては表現不可能な金額が出てくる可能性がある．そのような事態を避けるために，ここでは最小額面 a_1 は必ず $a_1 = 1$ であると仮定しておくことにしよう．

貨幣体系 $1 = a_1 < a_2 < \cdots < a_n$ と整数 $t(\geq 0)$ に対して,

$$t = x_1 a_1 + x_2 a_2 + \cdots + x_n a_n$$

を満たす非負整数の n-項組 $(x_1, x_2, \ldots, x_n)$ を,この貨幣体系における t の**表現**と呼ぶことにする.もちろん,これは a_i 円硬貨を x_i 枚用いて t 円を構成することの抽象化である.また,総和 $x_1 + x_2 + \cdots + x_n$ をこの表現の**大きさ**と呼ぶ.これは t 円を構成するために使用された硬貨の総枚数を表す量である.t のどの表現 $(x_1, \ldots, x_n)$ に対しても $0 \leq x_i \leq \lfloor t/a_i \rfloor$[10] $(1 \leq i \leq n)$ であるから,t の表現は高々 $\prod_{i=1}^{n}(1 + \lfloor t/a_i \rfloor)$ 個である.これは実際にはかなり大雑把な見積もりであるが,どの t も全部で有限個の表現しか持ち得ないという重要な事実を示している.

我々はすでに $a_1 = 1$ と仮定したので,どの t も必ず一つ以上の表現を持つが,その中でも大きさが最小である表現を t の**最小表現**と呼んでおく.t の最小表現それ自体は必ずしも一つだけとは限らないが,最小表現の大きさは t によって一意的に決まる値である.

これらの抽象化に基づいて,問題 3.14 の (A) と (B) を表現しなおしてみよう.任意のターゲット金額 t が指定されたとき,「その時点で使用可能な最も高額な硬貨を優先的に使う」という方法で t を構成するやり方を**高額硬貨優先法**と呼んでおく.より正確には,任意の貨幣体系 $1 = a_1 < a_2 < \cdots < a_n$ と任意のターゲット数 t が与えられたとき,**Algorithm 3.6** で得られる t の表現 $(x_1, x_2, \ldots, x_n)$ を t の**高額硬貨優先表現**と呼ぶことにする[11].

さて,ここまでくれば問題 3.14 の (A) は次のように表現できる.貨幣体系 $1 = a_1 < a_2 < \cdots < a_n$ が**正則**であるとは,任意の整数 $t \geq 0$ に対して t の高額硬貨優先表現が最小表現であることをいうものとする.

---

10) $\lfloor x \rfloor$ は x 以下で最大の整数を表している.
11) 可能であれば,Python などのプログラミング言語を利用してこのアルゴリズムを実装してみよう.第 2 章の例題 2.18 で実装しているプログラムは,この高額貨幣優先法を使っている.

Algorithm 3.6 高額硬貨優先法

Input: 貨幣体系 $1 = a_1 < a_2 < \cdots < a_n$ および整数 $t \geq 0$.

Output: t の表現 $(x_1, \ldots, x_n)$.

1: $i = n$ から開始して次の 2:〜5: の処理を繰り返す.

2:   x_i を t/a_i の整数部分（小数点以下切り捨て）とする.

3:   $t - x_i a_i$ の値を改めて t とおく.

4:   $i = 1$ であれば，この時点での $(x_1, \ldots, x_n)$ を出力して停止する.

5:   $i > 1$ であれば，i の値を一つ減らして 2: へ戻る.

> **問題 (A)**：与えられた貨幣体系 $1 = a_1 < a_2 < \cdots < a_n$ が正則であるか否かを判定せよ.

一方，問題 (B) は次のように表現できる.

> **問題 (B)**：貨幣体系 $1 = a_1 < a_2 < \cdots < a_n$ と整数 $t \geq 0$ が与えられたとき，この貨幣体系の下での t の最小表現を求めよ.

(B) については，t の最小表現を何でもいいから一つ求めればよいのか，それとも最小表現をすべて列挙するべきなのかというバリエーションが考えられるが，そこは曖昧なままにしておこう.

これでひとまず抽象化は完了した. もちろん，一つの問題に対して抽象化の方法は必ずしも一通りではないが，ここでは上記の抽象化をもとに話を進めていくことにする.

3.4.2 問題 (B) を解く

まずは問題 (B) からアプローチしてみよう. もし問題 (A) がすでに解決されていて，それを利用して与えられた貨幣体系が正則であることがわかったのであれば，(B) の解決は（少なくとも一つの最小表現を求めればよいのであれば）ごく容易である. **Algorithm 3.6** で示した「高額硬貨優先法」を適用すれば，いつでも t の最小表現が得られるからである. しかし，与えられた貨幣

体系が正則である保証はないということになれば，話はそれほど簡単ではない．

先に触れた通り，t の表現は全部で有限個であり，それらをすべて列挙することも可能なので，その中で最小のものを探すという「総当たり法」が通用する．その意味では，解決方法が少なくとも一つは存在する．

それでほっと一安心，というのも何だか寂しいので[12]，もう少し工夫のある解法を考えてみよう．3.1 節でも述べたが，まずは「解の構造を観察する」ことが，問題解決のための手段としてしばしば有効である．ここでも，解の構造を観察するところから始める．以下，任意の貨幣体系 $1 = a_1 < a_2 < \cdots < a_n$ を固定した上で考える．

補題 3.15　整数 $t \geq 0$ に対して，$(x_1, x_2, \ldots, x_n)$ がその最小表現であるとする．もし $x_1 > 0$ ならば，$(x_1 - 1, x_2, \ldots, x_n)$ は $t - a_1$ の最小表現である．

証明　$(x_1, x_2, \ldots, x_n)$ は t の表現だから $t = \sum_{i=1}^{n} x_i a_i$ である．両辺から a_1 を引くと，$t - a_1 = (x_1 - 1)a_1 + \sum_{i=2}^{n} x_i a_i$ となる．そして $x_1 > 0$ だから，$x_1 - 1 \geq 0$ である．ゆえに，$(x_1 - 1, x_2, \ldots, x_n)$ は $t - a_1$ の表現である．問題はその最小性である．$(x_1 - 1, x_2, \ldots, x_n)$ が最小表現であることを示すためには，$(y_1, \ldots, y_n)$ を $t - a_1$ の任意の表現とするとき，表現の大きさとして $(y_1, \ldots, y_n)$ が $(x_1 - 1, x_2, \ldots, x_n)$ 以上であることを示せばよい．すなわち，$\sum_{i=1}^{n} x_i - 1 \leq \sum_{i=1}^{n} y_i$ を示せばよい．

$(y_1, \ldots, y_n)$ は $t - a_1$ の表現なので $t - a_1 = \sum_{i=1}^{n} y_i a_i$ である．両辺に a_1 を加えると $t = (y_1 + 1)a_1 + \sum_{i=2}^{n} y_i a_i$ となり，$(y_1 + 1, y_2, \ldots, y_n)$ は t の表現である．ここで $(x_1, x_2, \ldots, x_n)$ は t の最小表現であるから，表現としての大きさを比べると $\sum_{i=1}^{n} x_i \leq (y_1 + 1) + \sum_{i=2}^{n} y_i = \sum_{i=1}^{n} y_i + 1$ となる．これは示すべき不等式と同じである．　□

この補題では a_1 についてのみ記述したが，同じことがもちろん $a_2, \ldots, a_n$ のそれぞれについても成り立つことは同様の議論ですぐにわかる．例えば，$x_2 > 0$ であれば，$(x_1, x_2 - 1, \ldots, x_n)$ は $t - a_1$ の最小表現である，というように．

さて，この補題 3.15 からわかることは何だろうか？　それはつまり，

　　t の最小表現は $t - a_i (1 \leq i \leq n)$ らの最小表現の中から探す

---

12)　そうはいっても，たとえ数理的な問題に限ったとしても，世の中にはこのような力技すら通用せず，そもそも計算という営みでは解決不能な問題もあるので，解決法があるだけまだマシである．

ということである．補題 3.15（の対偶）によれば，もし t の表現 $(x_1, x_2, \ldots, x_n)$（ただし $x_1 > 0$）があって，$(x_1 - 1, x_2, \ldots, x_n)$ が $t - a_1$ の最小表現になっていないならば，$(x_1, x_2, \ldots, x_n)$ は t の表現として最小ではない．だから，そのような表現は探索対象から外してよい．これが，「t の最小表現は $t - a_i$ らの最小表現の中から探す」ということの意味である．

例えば，$t - a_1$ の何らかの最小表現 $(x_1, x_2, \ldots, x_n)$ がわかっていれば，$(x_1 + 1, x_2, \ldots, x_n)$ が t 最小表現の候補の一つとして考えられる（あくまで「候補」の一つであり，それが t の最小表現であるとはまだ断定はできない）．同じことを $t - a_2$ から $t - a_n$ まで同様に試していき，t の最小表現の候補から成る表を作り，その中で真に最小な表現を求めるという戦略が自然に浮かび上がってくる．具体例を見てみよう．

例 3.16　貨幣体系が $(a_1, a_2, \cdots, a_7) = (1, 5, 7, 10, 43, 50, 100)$，ターゲットが $t = 136$ であるとする．ここで，各々の i に対する $t - a_i$ 最小表現とその大きさが次の表の通りであることがすでにわかっていると仮定しよう．

i	$t - a_i$	最小表現	大きさ
1	135	$(1, 1, 0, 0, 3, 0, 0), (0, 1, 0, 3, 0, 0, 1)$	5
2	131	$(2, 0, 0, 0, 3, 0, 0), (1, 0, 0, 3, 0, 0, 1), (0, 0, 3, 1, 0, 0, 1)$	5
3	129	$(0, 0, 0, 0, 3, 0, 0)$	3
4	126	$(1, 1, 0, 2, 0, 0, 1), (0, 1, 3, 0, 0, 0, 1)$	5
5	93	$(0, 0, 0, 0, 1, 1, 0)$	2
6	86	$(0, 0, 0, 0, 2, 0, 0)$	2
7	36	$(1, 1, 0, 3, 0, 0, 0), (0, 1, 3, 1, 0, 0, 0)$	5

一般に $t - a_i$ が大きさが w の最小表現 $(y_1, \ldots, y_n)$ を持っているとき，そこから復元される t の表現 $(y_1, \ldots, y_i + 1, \ldots, y_n)$ の大きさは $w + 1$ である．上の表を見ると，大きさが最も小さい表現を持つものは $t - a_5 = 93$ と $t - a_6 = 86$ の二つであるが，これら以外はすべてこの時点で考察から除外してよい．これら二つに対象を絞って，それぞれの最小表現から t の表現を復元すれば次のようになる．

- $t - a_5 = 93$ の最小表現 $(0,0,0,0,1,1,0)$ から t の表現 $(0,0,0,0,2,1,0)$ が得られる．この大きさは 3 である．
- $t - a_6 = 86$ の最小表現 $(0,0,0,0,2,0,0)$ から t の表現 $(0,0,0,0,2,1,0)$ が得られる．この大きさは 3 である．

以上から，$(0,0,0,0,2,1,0)$ が $t = 136$ の最小表現として得られる．　　　□

　この戦略は，小さい値のターゲットに対する最小表現の表をもとにして，大きい値のターゲットの最小表現を求めていくというアプローチである．このように，小さい入力に対する解をもとに大きな入力に対する解を育てていくという手法は，**動的計画法** (dynamic programming) と呼ばれる．

Algorithm 3.7　問題 (B) のアルゴリズム

Input: 貨幣体系 $1 = a_1 < a_2 < \cdots < a_n$ および整数 $t \geq 0$.

Output: t の最小表現 $(x_1, \ldots, x_n)$.

1: **(1) 初期化**

2:　$T(0) = \{(0,0,\ldots,0)\}$, $w(0) = 0$ とおく．

3:

4: **(2) メインループ**

5:　$s = 1, 2, \ldots, t$ の順番で次の 6:～9: を実行する．

6:　$s \geq a_i$ となる番号 $1 \leq i \leq n$ のうちで $w(s - a_i)$ が最小となるものをすべて求める．

7:　$T(s) = \emptyset$（空のリスト）とおき，$w(s) = w(s - a_i) + 1$ とおく（i は 6: で求めたどの番号でもよい）．

8:　6: で求めたすべての番号 i について次の処理 9: を実行する．

9:　　すべての組 $(y_1, \ldots, y_n) \in T(s - a_i)$ に対して，$T(s)$ に $(y_1, \ldots, y_i + 1, \ldots, y_n)$ を追記する．

10:

11: **(3) 結果を出力**

12:　リスト $T(t)$ の中身と $w(t)$ を出力して停止する．

　このアイデアを具体的な自動処理アルゴリズムとして書き下した記述例を **Algorithm 3.7** に示しておく．ここで $T(s)$ は s のすべての最小表現から成るリストであり，$w(s)$ は s の最小表現の大きさを保持する変数である．

　このアルゴリズムは，t に対してすべての表現の可能性をしらみつぶしに調べるという自明な力技よりはいくぶん洗練されてはいるものの，理論的な観点での計算効率（必要な計算量および記憶領域の容量）は決してよくない．しかし，先に述べたように，どの値 s も高々有限個の表現しか持たず，$T(s)$ は有限個の表現のみから成るリストであるから，このアルゴリズムは必ず有限時間内に終了することは確かである．なお，このアルゴリズムでは与えられたターゲット t に対する最小表現のすべてを出力するようになっているが，これはアルゴリズムの都合上，t 以下の値 s に対するすべての最小表現の表を管理する必要があることによる自然な成り行きである．

3.4.3　問題 (A) を解く

　さて，次に問題 (A) について考えよう．与えられた貨幣体系 $1 = a_1 < a_2 < \cdots < a_n$ が正則であるかどうか，すなわちすべての整数 $t \geq 0$ に対して高額硬貨優先表現が常に最小表現であるかを判定することが目標である．こちらは問題 (B) とは違って何らかの具体的な解を求めることは要求されておらず，単に YES か NO かの判定結果を答えればよい問題である．こういうと問題 (A) は問題 (B) よりも簡単なのかと思うかもしれないが，判定問題がいつでも計算問題よりも簡単であるなどとはもちろん限らない．

　それはさておき，まず問題 (A) では「総当たり法」が少なくとも自明には通用しないことを最初に注意しておこう．貨幣体系の正則性はすべての整数 $t \geq 0$ について高額硬貨優先表現が最小表現であることを要求する．よって，貨幣体系が正則でない場合には，何らかの値 t について高額硬貨優先表現が最小表現ではない，つまり高額硬貨優先表現よりも大きさが真に小さい表現が存在することになるが，そのような t を**非正則性の証拠**と呼んでおく．ここでいう「総当たり法」とは，このような証拠 t を根気よく丹念に探していくという方法である．

　なお，具体的な各々の値 t に対してそれが非正則性の証拠であるか否かは次

のようにして検証できる．まず，すでに述べた問題 (B) に対する解法を利用
して，t に対する最小表現の大きさを求める[13]．そして，それと高額硬貨優先
表現の大きさとを比べれば，t が非正則性の証拠になっているかどうかを判断
できる．もちろん，高額硬貨優先表現の方が最小表現よりも真に大きい場合に
は t は非正則性の証拠であるし，そうでない場合には t は証拠にならない．

「総当たり法」は，非正則性の証拠をしらみつぶしに探索していき，どこか
で証拠が見つかれば「貨幣体系は非正則である」と判断できるし，見つからな
ければ「貨幣体系は正則である」と判断されるという発想に基づいている．も
し与えられた貨幣体系が実際に正則でない場合には，$t = 1, 2, 3, \ldots$ の順番で
丹念に t が非正則性の証拠であるか否かを検討していけば，いつかは必ず証拠
を発見できる．莫大な時間がかかるかもしれないが，いずれは必ず終わる．

しかし，与えられた貨幣体系が正則である場合はどうだろうか？　この場合
にはそもそも非正則性の証拠は存在しないので，どれだけ多数の値 t を調査し
ようが，証拠が見つかることはない．我々は与えられた貨幣体系が正則である
か否かを前もって知っているわけではないので[14]，どれだけ探しても非正則
性の証拠が見つからないとなったときに，「この先にも証拠は存在しない」の
か「まだまだ気合いが足りないだけで，もっと探せばどこかで証拠が見つか
る」のか，自分が今どちらの状況におかれているのか全く区別できない．さ
らに，t の値の候補は無限個あるので，そもそも「全部の t を調べ尽くした結
果，証拠はありませんでした」と結論づけることもできない．ここが，総当た
り法が自明には通用しない難所である．

現実的には，例えば「$t = 10^{100}$ ぐらいまで調査した結果に証拠がなかった
から，おそらくこの先もそんな証拠は出てこないのだろう」などと帰納的に
予想して，「与えられた貨幣体系は正則である」と判断してしまうことがある
かもしれない．あるいは，実用上の観点から，ある程度の大きさの t に対して
正則性が保証されていれば十分だと開き直ってしまうことも考えられる．つ
まり，ある程度大きな値 M に対して，$t = 1, 2, \ldots, M$ の範囲で非正則性の証

---

13) これが問題 (A) よりも先に問題 (B) を論じた事情である．
14) そんなことを知っていたら，そもそも「この貨幣体系は正則であるか？」などと検査す
　る必要自体がない．

拠が見つからなければ「この貨幣体系は正則である」と判断してしまうのである。このように十分多数のサンプル値 t に対する検証結果から正則性を類推することを，仮に**帰納的類推**と呼んでおこう[15]．

　もちろんこれは類推に過ぎず，確たる断定的結論ではない．しかし，このような帰納的類推が正当化されうる場合がある．そのような場合の一つとして，次のようなシナリオが考えられる．

　　最小証拠の上界：もし実際に証拠が存在するのであれば，ある一定の値 M について，$t \leq M$ の範囲に必ず証拠 t が存在する．

要するに，もし与えられた貨幣体系 $1 = a_1 < a_2 < \cdots < a_n$ が正則でない場合には，$a_1, \ldots, a_n$ から容易に知ることができるある一定値の上限値 M があって，M 以下の範囲で必ず非正則性の証拠が存在するというシナリオである．もしそのような上限値 M があれば，証拠探しは $t = 1, 2, \ldots, M$ の範囲で行えばそれでよく，無限個の t を調査する必要はないことになる．この範囲に証拠が見つかればもちろんその貨幣体系が正則でないと断定できるが，この範囲で証拠がなかった場合にもその貨幣体系は正則であると断定できる．このようにして，$t = M$ までを調査するという帰納的類推が確定的判定として正当化できるのである．

　これはいいシナリオであるが，果たしてそんな都合のよい上界値 M はそもそも存在するのであろうか．ここでは，Kozen と Zaks の方法に従って次の定理を示そう[16]．

定理 3.17　貨幣体系 $1 = a_1 < a_2 < \cdots < a_n$ が正則でないならば，非正則性の証拠 t で $t < a_{n-1} + a_n$ となるものが存在する．

　この定理によれば，$M = a_{n-1} + a_n - 1$ としておけばよい，ということにな

---

15)　余談だが，数学的帰納法は「帰納法」という名前がついているが演繹的な推論方法である．$P(n)$ が $n = 1, 2, \ldots, k$ のときに正しいのであれば $P(k+1)$ も正しいと主張するスタイルが帰納的な推論に見えるというだけのことである．

16)　Kozen, D., Zaks, S.: Optimal bounds for the change-making problem, *Theoretical Computer Science*, **123**, pp.377-388, 1994.

る.つまり問題 (A) を解くための「総当たりアルゴリズム」は **Algorithm 3.8** のように記述できる.ここで任意の $t \geq 0$ について,t の最小表現の大きさを $w(t)$ で表し,また t の高額硬貨優先表現の大きさを $\hat{w}(t)$ で表している.一般には $w(t) \leq \hat{w}(t)$ であり,真の不等号 $w(t) < \hat{w}(t)$ が成り立つのは t が非正則性の証拠であるときであり,かつそのときに限る.**Algorithm 3.8** もまた必ず有限時間内に正しい出力とともに停止するものの,計算効率はお世辞にも良いとはいえない.

Algorithm 3.8 問題 (A) のアルゴリズム

Input: 貨幣体系 $1 = a_1 < a_2 < \cdots < a_n$.

Output: 貨幣体系が正則であれば YES,そうでないならば NO.

1: $t = 1, 2, \ldots, a_{n-1} + a_n - 1$ の順番で次の 2:〜5: を繰り返す.

2: **Algorithm 3.6** で t の高額硬貨優先表現の大きさ $\hat{w}(t)$ を求める.

3: **Algorithm 3.7** で t の最小表現の大きさ $w(t)$ を求める.

4: $w(t) < \hat{w}(t)$ であれば直ちに NO を出力して停止する.

5: ($w(t) \geq \hat{w}(t)$ であれば) 2: に戻って次の t の値を試す.

6:

7: (1: のループが満了した場合) YES を出力して停止する.

定理 3.17 を示そう.$1 = a_1 < a_2 < \cdots < a_n$ を与えられた貨幣体系として,**Algorithm 3.8** で使用した記号 $w(t), \hat{w}(t)$ をそのまま使用する.まず,次の補題は,問題 (B) のときに考えた補題 3.15 と同様の発想からくる観察結果である.

補題 3.18 任意の $1 \leq i \leq n$ および $t \geq a_i$ に対して,$w(t) \leq w(t - a_i) + 1$ である.ここで,特に t が $x_i > 0$ を満たす最小表現 $(x_1, \ldots, x_n)$ を持つならば,$w(t) = w(t - a_i) + 1$ である.

証明 $(y_1, \ldots, y_n)$ を $t - a_i$ の最小表現とする.$w(\cdot)$ の定義から,$w(t - a_i) = y_1 + y_2 + \cdots + y_n$ である.ここで $t - a_i = y_1 a_1 + \cdots + y_n a_n$ の両辺に a_i を加えれば,$(y_1, \ldots, y_i + 1, \ldots, y_n)$ が t の表現であることがわかる.よって,$w(t) \leq y_1 + \cdots + (y_i + 1) + \cdots + y_n = w(t - a_i) + 1$ である.

ここで特に，t が $x_i > 0$ を満たす最小表現 $(x_1, \ldots, x_n)$ を持っていると仮定する．補題 3.15 から，$(x_1, \ldots, x_i - 1, \ldots, x_n)$ は $t - a_i$ の最小表現なので，$w(t - a_i) \leq x_1 + \cdots + (x_i - 1) + \cdots + x_n = w(t) - 1$ である．ゆえに，$w(t) \geq w(t - a_i) + 1$ も成り立つ． □

補題 3.19　任意の $t \geq a_n$ に対して，$\hat{w}(t) = \hat{w}(t - a_n) + 1$ である．

証明　$(y_1, \ldots, y_n)$ を $t - a_n$ の高額硬貨優先表現とする．$\hat{w}(\cdot)$ の定義から，$\hat{w}(t - a_n) = y_1 + y_2 + \cdots + y_n$ である．同じく，$(x_1, \ldots, x_n)$ を t の高額硬貨優先表現とすると，$\hat{w}(t) = x_1 + x_2 + \cdots + x_n$ である．$t \geq a_n$ だから，高額硬貨優先表現の構成法から $x_n \geq 1$ である．$(x_1, \ldots, x_n)$ から硬貨 a_n を 1 枚抜けば $t - a_n$ の高額硬貨優先表現になるので，$x_i = y_i$ $(1 \leq i \leq n-1)$，$x_n - 1 = y_n$ であり，$\hat{w}(t - a_n) = y_1 + \cdots + y_{n-1} + y_n = x_1 + \cdots + x_{n-1} + (x_n - 1) = \hat{w}(t) - 1$ である．これは示すべき等式と同じである． □

これら二つの補題を利用して定理 3.17 を証明しよう．貨幣体系 $1 = a_1 < a_2 < \cdots < a_n$ は正則ではないと仮定して，t をその非正則性の証拠のうちで最も小さいものとする．t は証拠なので，$w(t) < \hat{w}(t)$ である．$t < a_{n-1} + a_n$ を証明することが目標であるが，ここでは $t \geq a_{n-1} + a_n$ と仮定して矛盾を導く背理法を用いる．t は証拠として最小だから，どの $t' < t$ に対しても t' は証拠ではない，つまり $w(t') = \hat{w}(t')$ である．

t の任意の最小表現 $(x_1, x_2, \ldots, x_n)$ を考える．t は証拠なので，$w(t) = x_1 + x_2 + \cdots + x_n$ は $\hat{w}(t)$ よりも真に小さい．$t = 0$ は明らかに証拠ではないから，$t > 0$ である．よって，ある $1 \leq i \leq n$ に対して $x_i > 0$ である．もし $i = n$ であれば，

$$
\begin{aligned}
\hat{w}(t) &= \hat{w}(t - a_n) + 1 & \text{（補題 3.19）} \\
&= w(t - a_n) + 1 & (t - a_n < t \text{ だから } t \text{ は証拠ではない}) \\
&= w(t) & \text{（補題 3.18）}
\end{aligned}
$$

であるが，これは t が証拠であることに反する．よって，$i \leq n - 1$ である．すると，仮定から $t \geq a_n + a_{n-1} \geq a_n + a_i$（つまり $t - a_n - a_i \geq 0$）だから，同様にして

$$\hat{w}(t) = \hat{w}(t - a_n) + 1 \qquad\qquad (補題 3.19)$$

$$= w(t - a_n) + 1 \qquad (t - a_n < t\ \text{だから}\ t\ \text{は証拠ではない})$$

$$\leq w(t - a_n - a_i) + 1 + 1 \qquad\qquad (補題 3.18)$$

$$\leq \hat{w}(t - a_n - a_i) + 1 + 1 \qquad\qquad (一般に\ w \leq \hat{w})$$

$$= \hat{w}(t - a_i) + 1 \qquad\qquad (補題 3.19)$$

$$= w(t - a_i) + 1 \qquad (t - a_i < t\ \text{だから}\ t\ \text{は証拠ではない})$$

$$= w(t) \qquad\qquad (補題 3.18)$$

が得られる．これも t が証拠ではないことを意味するので不合理である．以上から，$t < a_n + a_{n-1}$ でなければならない．これで定理 3.17 が示された．

3.5　コインを山分けする

　3.1 節では 2 変数の整数不定 1 次方程式 $ax + by = n$ に抽象化される問題を扱い，3.4 節では与えられた貨幣体系の下で指定されたお釣り金額を構成する組み合わせ問題を考察した．この節では，それらと似たような構造の問題を題材にして，少し違う切り口の話題を提供してみたい．ここでは，次の二つの問題を考える．

> 問題 3.20（コインを山分け）　額面が異なるコインがそれぞれ大量にある．それらのコインを 2 人で山分けして，両方が同じ金額分を受け取ることは可能だろうか？　もし可能であれば，どのように山分けすればいいのだろうか？

> 問題 3.21（金額ぴったりチャレンジ）　額面が異なるコインがそれぞれ大量にある．あるターゲットの金額が任意に決められたとき，これらのコインのうちのいくつかを組み合わせてちょうど指定された金額にすることができるか？　できるとしたら，どうすればよいのか？

これらは，与えられた資源の山を何らかの条件に合うように分割する，あるいはその資源の山から指定された分量だけうまく取り出すという問題であり，現実の場面でよくありがちな種類の問題である．きっと良い解法があるに違いない……と思いたいところだが，果たしてどうなるだろうか．

3.5.1 抽象化と自動化

抽象化は容易であろう．例えば，次のような抽象化を考えることができる．

- 与えられたコインの山を自然数の列 $(a_1, a_2, \ldots, a_n)$ で表現する．ここで n はコインの延べ総数であり，同じ額面のコインが複数枚あってもよい（例えば，$a_1 = a_2 = a_3 = a_4$ であってもよいなどというように）．これに対して，n-項組 $(x_1, x_2, \ldots, x_n) \in \{0,1\}^n$ を考える．$x_i = 1$ はコイン a_i を選択することを，$x_i = 0$ は a_i を選択しないことをそれぞれ抽象化しており，このことからそのような n-項組のことを**選択**と呼ぶことにする．和 $\sum_{i=1}^n x_i a_i$ は，選択 $(x_1, x_2, \ldots, x_n)$ が選び取ったコインの総金額である．「コイン山分け」では，$\sum_{i=1}^n x_i a_i$ と $\sum_{i=1}^n (1 - x_i) a_i$（残されたコインの総額）がちょうど一致するようにする選択 $(x_1, x_2, \ldots, x_n)$ が問われており，そのような選択を**山分け選択**と呼んでおく．一方，「金額ぴったりチャレンジ」では，指定された値 t に対して $t = \sum_{i=1}^n x_i a_i$ となるような選択 $(x_1, x_2, \ldots, x_n)$ が問われており，そのような選択は「t を**構成する**」と言うことにする．

- 与えられたコインの山を自然数組の列 $(a_1, m_1), \ldots, (a_r, m_r)$ で表現する．ここで $a_1, \ldots, a_r$ は相異なる自然数であり，組 (a_i, m_i) は額面が a_i のコインが m_i 枚あることを表現している．この抽象化法では，コインの選択は整数の r-項組 $(x_1, x_2, \ldots, x_r)$ で表される．ただし $0 \le x_i \le m_i$（$1 \le i \le r$）であり，それぞれ額面が a_i のコインを x_i 枚選択することを表している．「コイン山分け」では $\sum_{i=1}^r x_i a_i$ と $\sum_{i=1}^r (m_i - x_i) a_i$ がちょうど一致するようにする山分け選択 $(x_1, x_2, \ldots, x_r)$ が問われており，「金額ぴったりチャレンジ」では指定された値 t を構成する選択，つまり $t = \sum_{i=1}^r x_i a_i$ となるような選択 $(x_1, x_2, \ldots, x_r)$ が問われている．

どちらの方法をとってもよいが，ここでは前者の抽象化に従うことにしよう．なお，「コイン山分け」は計算理論で partition problem と呼ばれる問題の特別な場合であり，「金額ぴったりチャレンジ」は subset-sum problem と呼ばれる問題の特別な場合であるが，ここではあまり堅苦しい言葉は使わずに「コイン山分け」「金額ぴったりチャレンジ」で通すことにする．

　さて，抽象化が終わったら次は自動処理アルゴリズムの構成であるが，一見してわかる通り，これらの問題には自明な総当たり法（すべての可能な組み合わせを調べ尽くす方法）が通用する．例えば，「コイン山分け」の場合は，$p = 0, 1, 2, \ldots, 2^n - 1$ の順番で次の処理を繰り返せばよい．

S1: p の 2 進数表現 $p = \sum_{i=1}^{n} x_i 2^{i-1} (x_i \in \{0,1\})$ を求めて，これを選択 $(x_1, \ldots, x_n)$ と見なす．

S2: $\sum_{i=1}^{n} x_i a_i = \sum_{i=1}^{n} (1 - x_i) a_i$ であれば，現在の選択 $(x_1, \ldots, x_n)$ を山分け選択の一つとして出力しておく．

これで出力が一つでもあれば山分け選択が存在することがわかるし，出力が空であればそもそも山分けは不可能であることがわかる．「金額ぴったりチャレンジ」についても，ステップ S2: を「$t = \sum_{i=1}^{n} x_i a_i$ であれば，現在の選択 $(x_1, \ldots, x_n)$ を，t を構成する選択の一つとして出力しておく」に置き換えればよい．ただし，t は指定されたターゲット金額を表している．なお，ここで 2 進数表現を利用したのは 2^n 通りのすべての選択パターンをもれなく列挙するための方便であり，2 進数表現を使うことが本質であるわけではない．

　どちらも，改めて正式なアルゴリズムとして書き下すまでもないような素朴な総当たり法であり，入力のサイズ（ここではコインの総枚数 n のこと）が大きくなると計算量が文字通り指数関数的に増大していく極めて非効率な方法ではあるが，とにかくこれで手間さえかければどちらの問題も解決可能であることはわかる．実は，計算量理論的な観点からいえば，このどちらの問題も見かけのシンプルさとは裏腹に，効率的なアルゴリズム（いわゆる「決定性多項式時間アルゴリズム」と呼ばれるもの）を構成することはほぼ絶望的と考えられている問題であり，劇的な効率化は望みが極めて薄い（詳細には触れないが，この難しさはこれらの問題が **NP 困難性** と呼ばれる性質を持っているこ

とによる）．なお，この難しさは解 $(x_1, \ldots, x_n)$ のそれぞれの成分 x_i が 0 または 1 に限定されていることから生じており，x_i らがそれぞれ任意の整数値をとってよいのであれば，問題は単なる整数不定 1 次方程式を解くことに帰着し，解決は容易である．

3.5.2 他の問題の解法を利用する

さて，前項の最後に述べたように，「コイン山分け」も「金額ぴったりチャレンジ」も，見かけによらずともに効率的な自動化がほぼ絶望的という複雑な問題である．ここで注目したいのは計算効率ではなく，両者の関係性である．

ある人が「金額ぴったりチャレンジ」を解く良いアルゴリズム P を開発したとしよう．何をもって「良い」アルゴリズムというのかには議論の余地があるが，そこにこだわることは本旨ではないので，例えば適当に「プログラムとして実装しやすい」「現実世界で発生するであろう大部分の入力値に対してはそれなりに高速で動作する」などと想像しておけばよい．このとき，「コイン山分け」も次のように解決可能であることはすぐにわかるだろう．与えられたコインの列を $(a_1, a_2, \ldots, a_n)$ とするとき，

S1: コインの総金額 $s = \sum_{i=1}^n a_i$ を計算する．

S2: s が奇数であれば「山分け不可能」と判定して直ちに停止する．

S3: （s が偶数であるとき）$t = s/2$ をターゲットとして，$(a_1, a_2, \ldots, a_n)$ と t に対してアルゴリズム P を適用する．ここで P が何らかの選択 $(x_1, \ldots, x_n)$ を出力したとき，この選択で選ばれるコインを一人に与え，残りのコインをもう一人に与えれば正しい山分けができる．P が「解なし」のサインを出力する場合は「山分け不可能」と判断して停止する．

要するに，コインの総金額が $s = \sum_{i=1}^n a_i$ 円であるとき，これらを 2 人で山分けすることは $t = s/2$ 円分のコインを選択することと同じである，というわけである．だから，s が奇数であればそもそも山分けはできない．その一方で，s が偶数であっても山分けできるとは限らない．例えば，コインの列が $(1, 2, 97)$ であった場合，$s = 100$ であるが山分けは不可能である．

ここで述べた方法では，ステップ S3 においてアルゴリズム P を利用してい

る．P はコインの列 $(a_1, a_2, \ldots, a_n)$ とターゲット値 t を入力として受け取り，t を構成する何らかの選択を出力する，あるいはそのような選択がない場合には「解なし」を出力することが想定されているが，いずれにせよ P は「金額ぴったりチャレンジ」という別の問題を解くアルゴリズムである．それを「コイン山分け」を解くために利用したということである．このように，ある問題 A を解くために，別の問題 B に対する解法を利用するという構造は**帰着**あるいは**還元**などと呼ばれている（A を解くために B を利用することを「A を B に帰着する」「A を B に還元する」などという）．ここでは，コイン山分け問題を金額ぴったりチャレンジ問題に還元して解決したわけである．すでに存在する別の問題に対する解法を利用するという問題解決手法は，万能ではないものの，もちろん数理的な問題に限らず適用可能である．

　以上の説明ではコイン山分け問題を金額ぴったりチャレンジ問題に還元させたわけであるが，それとは逆向きに，金額ぴったりチャレンジ問題をコイン山分け問題に還元させることもできる．今度はコイン山分け問題を解決するアルゴリズム Q を仮定して，それを利用して金額ぴったりチャレンジ問題を解くことになる．Q はコインの列 $(a_1, a_2, \ldots, a_n)$ を入力として受け取り，それを山分けする何らかの選択を出力する，あるいはそのような選択がない場合には「解なし」を出力する．一方で，ここで解きたいのは金額ぴったりチャレンジ問題であり，任意の指定されたターゲット金額 t を構成する選択を求めたい，あるいはそのような選択が存在しないことを知りたいわけである．Q は単にコインの山を 2 等分割するだけであり，任意に指定されたターゲット t を構成する選択ができるわけではない．果たして，Q をどのように利用すればいいのだろうか？

　まず，いくつかの自明な場合を先に考えておこう．

- $t = 0$ は「コインを全く使わない」という自明な方法で構成可能である．
- 指定されたターゲット値 t がコインの総金額 $s = \sum_{i=1}^{n} a_i$ を超えると，t は構成不可能である．すべてのコインを使っても t 円には決して届かないからである．
- $(a_1, \ldots, a_n)$ の中で最も小さい値を a_i とするとき，$0 < t < a_i$ のときに

はtは構成不可能である．$t = 0$ではないのでtを構成するにはコインを1枚以上使うが，そのような値で構成可能な最小の値はa_iだからである．

- $s/2 = t$である場合には，単に$(a_1, \ldots, a_n)$が山分け可能かどうかでそのままtが構成可能かどうかが決まる．

以上，これらの場合は以下の考察から外してもよい．

まずは$s/2 < t$である場合には，新しいコインとして$a_{n+1} = 2t - s$を追加すれば簡単に解決できることを示そう．なお，$s/2 < t$という制限は新しいコインa_{n+1}が自然数であることを保証するための条件である．コインの額面として0以下の整数も許す場合は，このような制限は不要である．

補題 3.22 $(a_1, a_2, \ldots, a_n)$をコインの列として，その総金額を$s = \sum_{i=1}^{n} a_i$とする．このとき，任意の$s/2 < t \leq s$について，tを構成する選択が存在するためには，$a_{n+1} = 2t - s$に対してコイン列$(a_1, \ldots, a_n, a_{n+1})$が山分け可能であることが必要十分である．

証明 tを構成する選択$(x_1, \ldots, x_n) \in \{0,1\}^n$が存在すると仮定する．コイン$a_{n+1} = 2t - s(> 0)$を追加すれば，すべてのコインの総金額は$s + a_{n+1} = s + (2t - s) = 2t$であり，一方で$t = \sum_{i=1}^{n} x_i a_i$だから，$(x_1, \ldots, x_n, 0)$はコイン列$(a_1, \ldots, a_n, a_{n+1})$を山分けする選択である．

逆に，コイン列$(a_1, \ldots, a_n, a_{n+1})$を山分けする選択$(x_1, \ldots, x_n, x_{n+1}) \in \{0,1\}^{n+1}$が存在すると仮定する．新コインを含めたコインの総金額は$s + a_{n+1} = 2t$であるから，$\sum_{i=1}^{n+1} x_i a_i = t$である．よって，もし$x_{n+1} = 0$であれば，つまりこの選択が新コイン$a_{n+1}$を使用しないのであれば，$(x_1, \ldots, x_n)$は元のコイン列$(a_1, \ldots, a_n)$から正しく$t$を構成している．$x_{n+1} = 1$であれば，$t = \sum_{i=1}^{n} x_i a_i + a_{n+1}$から$\sum_{i=1}^{n} x_i a_i = t - a_{n+1} = t - (2t - s) = s - t$であるから，$\sum_{i=1}^{n}(1 - x_i)a_i = s - \sum_{i=1}^{n} x_i a_i = s - (s - t) = t$であり，$(1 - x_1, \ldots, 1 - x_n)$は元のコイン列$(a_1, \ldots, a_n)$から$t$を構成している． □

上の補題3.22では，新しいコインa_{n+1}が正となるようにするために$s/2 < t$という条件が必要であった．それでは，$0 < t < s/2$の場合はどうだろうか．この場合にも，新しいコインを追加するアプローチが有効である．

補題 3.23 $(a_1, a_2, \ldots, a_n)$をコインの列として，その総金額を$s = \sum_{i=1}^{n} a_i$とする．このとき，任意の$0 < t < s/2$について，tを構成する選択が存在す

るためには, $a_{n+1} = s - 2t$ に対してコイン列 $(a_1, \ldots, a_n, a_{n+1})$ が山分け可能であることが必要十分である.

証明 $0 < t < s/2$ だから, $a_{n+1} = s - 2t > 0$ であることに注意しておく. $(a_1, a_2, \ldots, a_n)$ が t の構成 $(x_1, \ldots, x_n)$ を持つと仮定する. 新コイン a_{n+1} を含めたコインの総金額は $s + a_{n+1} = s + (s - 2t) = 2(s - t)$ である. 一方で, $t = \sum_{i=1}^{n} x_i a_i$ だから, $(x_1, \ldots, x_n, 1)$ は $t + a_{n+1} = t + (s - 2t) = s - t$ を構成する. つまり, $(x_1, \ldots, x_n, 1)$ は $(a_1, \ldots, a_n, a_{n+1})$ の山分け選択である.

逆に, コイン列 $(a_1, \ldots, a_n, a_{n+1})$ を山分けする選択 $(x_1, \ldots, x_n, x_{n+1}) \in \{0, 1\}^{n+1}$ が存在すると仮定する. 新コイン a_{n+1} も含めたコインの総金額は $s + a_{n+1} = s + (s - 2t) = 2(s - t)$ だから, $\sum_{i=1}^{n+1} x_i a_i = s - t$ である. $x_{n+1} = 0$ ならば, $\sum_{i=1}^{n} x_i a_i = s - t$ だから, $\sum_{i=1}^{n} (1 - x_i) a_i = s - (s - t) = t$ であり, $(1 - x_1, \ldots, 1 - x_n)$ は元のコイン列 $(a_1, \ldots, a_n)$ から t を構成する選択である. $x_{n+1} = 1$ ならば, $\sum_{i=1}^{n} x_i a_i = s - t - a_{n+1} = t$ であり, $(x_1, \ldots, x_n)$ は元のコイン列 $(a_1, \ldots, a_n)$ から t を構成する選択である. $\square$

補題 3.22 の主張は「t を構成する選択の存在が $(a_1, \ldots, a_n, a_{n+1})$ が山分け可能であることと必要十分である」ということではあるが, その証明の議論をよく見てみれば, t を構成する選択から $(a_1, \ldots, a_n, a_{n+1})$ を山分けする具体的な方法がわかるし, 逆に $(a_1, \ldots, a_n, a_{n+1})$ を山分けする選択から t を構成する選択を得る方法もわかる. 補題 3.23 についても同様である.

以上の考察結果をまとめると,「コイン山分け」を解くアルゴリズム Q を利用して「金額ぴったりチャレンジ」を解くアルゴリズムを **Algorithm 3.9** のように構成できる. このアルゴリズムでやっていることは, 実際には Q に対して適切な入力を設定して Q を動かし, 返答されてきた答えを適切に加工しているだけである. Q を動かすという部分には (Q の計算効率に応じて) 負荷がかかるが, Q へ渡す入力を作成する部分と返ってきた答えを加工する部分の処理は至って軽い処理であることにも注意しておこう. 実はこの点は盲点になりうる. 別の問題に対する解法 Q を用いて本丸の問題を解決しようとするとき, Q を用いるための準備や Q を用いた後の処理に莫大なコストをかけると, Q を使わずに本丸の問題を直接解いた方が手軽などということになりかねないからだ.

ここでは,「コイン山分け」「金額ぴったりチャレンジ」の二つの問題が互

Algorithm 3.9 金額ぴったりチャレンジを解くアルゴリズム

Input: コイン列 $(a_1, \ldots, a_n)$ および整数 $t \geq 0$.

Output: t の構成 $(x_1, \ldots, x_n)$, あるいは「t は構成不可能」.

1: $s = \sum_{i=1}^{n} a_i$ をコインの総金額とする.

2: $t > s$ ならば,「t は構成不可能」と出力して停止する.

3: $t = 0$ ならば, $(0, 0, \ldots, 0)$ を出力して停止する.

4: $t = s/2$ ならば, Q を $(a_1, \ldots, a_n)$ に適用して得られた値をそのまま出力して停止する.

5: $s/2 < t \leq s$ のときは, 次の 6:〜8: を実行する.

6:   Q を $(a_1, \ldots, a_n, 2t - s)$ に適用する.

7:   Q が「山分け不可能」と返答すれば,「t は構成不可能」と出力して停止する.

8:   Q が $(x_1, \ldots, x_n, x_{n+1})$ を返答したとき, $x_{n+1} = 0$ ならば $(x_1, \ldots, x_n)$ を出力して停止し, $x_{n+1} = 1$ ならば $(1 - x_1, \ldots, 1 - x_n)$ を出力して停止する.

9: $0 < t \leq s/2$ のときは, 次の 10:〜12: を実行する.

10:   Q を $(a_1, \ldots, a_n, s - 2t)$ に適用する.

11:   Q が「山分け不可能」と返答すれば,「t は構成不可能」と出力して停止する.

12:   Q が $(x_1, \ldots, x_n, x_{n+1})$ を返答したとき, $x_{n+1} = 0$ ならば $(1 - x_1, \ldots, 1 - x_n)$ を, $x_{n+1} = 1$ ならば $(x_1, \ldots, x_n)$ を, それぞれ出力して停止する.

いに他方に還元して解くことができるという関係性を示した. 一般に, 問題 A を別の問題 B に還元して解くことができるという場合, 問題 B を解決する方法がわかればそれを利用して問題 A を解決することもできるので,「問題 A は問題 B よりも難しくない」ということになる. このように, 還元という視点で見れば, 問題を解くための難しさを比較することができる. ここで考えた「コイン山分け」「金額ぴったりチャレンジ」はどちらも他方に還元可能だ

から，直観的には（やや荒っぽい言い方ではあるが）両者の難しさは同程度ということになる．

補足 3.24　ここで挙げた例では，「コイン山分け」を「金額ぴったりチャレンジ」に還元する方法はほとんど自明であり，その逆向きの還元は少々考察が必要であったものの，それほど意外なものでもない．しかし，世の中には意外な問題が一見すると無関係そうな問題に意外な方法で還元できるという事例も多々知られている．例えば，次の問題を「コイン山分け」あるいは「金額ぴったりチャレンジ」に還元して解くことができる．

> **ハミルトン経路問題**：有限グラフ G が与えられたとき，G のハミルトン閉路（すべての頂点をちょうど1回ずつ巡って出発点に戻ってくる閉路）が存在するか否かを判定する．

逆に，「コイン山分け」あるいは「金額ぴったりチャレンジ」をこの「ハミルトン経路問題」に還元して解くこともできる．本書では具体的な還元方法の中身を詳しく論じることはしないが，このように一見無関係そうな問題の間に還元関係を見つけることは知的好奇心をくすぐるおもしろい問題である．　　　　　　　　　　　　　　　　　　□

3.6　ケーキを分けあってみんなで幸せになる

これまでの例題では，抽象化はほぼ自明であるか，それほど困難でないものがほとんどであった．ここでは，抽象化の段階で大胆な工夫を要するであろうという問題を考察する．

次のようなシナリオを考える．ある日，何人かの気心知れた仲間が一人の家に集まってパーティーを開いていた．一番年下の志村が大きなホールケーキを買ってきたので，デザートに皆で分けて食べることにした．ホールケーキにはイチゴやチョコやら，たくさんトッピングが載っている．これを皆で平和に分け合うにはどうしたらいいだろうか．単純には，中心角を等分するように切れば平和に落ち着くだろう．しかし，話はそれほど単純ではないようだ．互いに気心知れた連中だから，それぞれにワガママを言いたい放題という状態になってしまった．

> 「おい加藤！　てめえのイチゴの方が俺より2個も多いじゃねえか！」
> 「まったく長さんは細かいんだよ！　アンタこそ，そんなでっかいチョコとりやがって！」

「2人ともいい歳して大人げないぞ！　俺なんかイチゴがなくても我慢してるんだぞ！」

「仲本は大してケーキ好きでもないんだからそれでもいいだろ！」

横で騒ぎを見ていた高木は「もう何でもいいから早く食べようよ〜」と呟くだけだった.

　こうなると，もう大きさで等分するだけではどうにもならない. さて，どうしたらいいだろう？

3.6.1　問題の抽象化
　今回の問題設定は，大雑把にいえば次のような問題である.

> **問題 3.25**　何人かの参加者が集まって1個のホールケーキを分けるとき，各人が満足するような分け方は？

　ケーキを切り分けたとき，その断片が各人にとって満足のいくものになっていなければならないというわけだが，何をもって「満足」というのかが不明確である. 例えば，満足感が単にケーキの断片の大きさによって決まるのであれば，単にケーキを人数分で等分すればよいだけである. しかし，何に満足するかという価値観は必ずしも大きさだけで決まるものではないだろうし，価値観は人それぞれ違っているのが普通である. その価値観の違いまで考慮に入れたいとなると，話はかなりややこしくなりそうだ.

　これはかなり思い切った抽象化が必要な問題であろうことは想像に難くない. まずは，抽象化の手始めとして，n 人の参加者それぞれが，一つの断片についての「満足度」をそれぞれの価値観に従って0〜1の数値で表明するという仮定をおくことにしよう. なお，各人ごとにホールケーキ全体の満足度は1である.

　例えば，図3.3は碇屋，加藤，高木，仲本，志村の5人でケーキを A, B, C に3分割したとき，5人がそれぞれどの断片にどれほど満足するかという満足度を表した例である. 例えば C にはレーズンがたくさん入っているが，レー

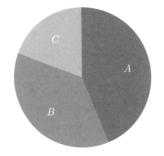

	碇屋	加藤	高木	仲本	志村
A	0.7	0.45	0.38	0.22	0.11
B	0.15	0.30	0.30	0.48	0.25
C	0.15	0.25	0.32	0.3	0.64

図 3.3　ケーキの分割度と参加者の満足度の例

ズンが嫌いな碇屋は C の満足度が低く，逆にレーズンが好きな志村の満足度は高いなどというように，同じ断片であってもそれぞれ各人ごとに満足度が大きく異なってもよい．

　このような状況の下で，n 人でケーキを分割して，それぞれの参加者が自分にとってある程度以上の満足度が得られる断片を受け取れるようにすることが問題である．自分にとって，というところがポイントである．自分にとって十分な満足度があれば，たとえそれが他の人から見ればガラクタのようなものであっても構わないのである．

　ここでは簡単のため，各人が $1/n$ 以上の満足度を得ることができればよいものとしておこう．これは，「n 人で分けるのだから，$1/n$ 以上の満足度があればそれでよく，それよりも高望みするのはワガママというものである」という考えに由来する設定である．

　ここで，分割されるものがホールケーキであるということには本質的な意味はなく，ケーキに限らず何らかの '資源' を各々の参加者のニーズ（満足度）に合わせて分配するということが問題のより抽象的な本質である．そこで，もう少し抽象度を高めて，次のように問題設定しよう．集合 C について，その n 個の部分集合 $C_1, \ldots, C_n$ で次の二つの条件を満たすものを C の **n-分割** という．

- C は $C_1, \ldots, C_n$ らの合併集合（和集合）である．
- $C_1, \ldots, C_n$ はどの二つも互いに交わらない．すなわち $i \neq j$ ならば $C_i \cap C_j$

$= \emptyset$ である.

もちろん，C はホールケーキの抽象化であり，その n-分割はケーキを n 個の
断片に分割することの抽象化である．ケーキの断片は C の部分集合として抽
象化される．

$X = \{x_1, \ldots, x_n\}$ を n 人の参加者の集合とする．各々の参加者 x_i につい
て，x_i にとっての断片 $C_0 \subseteq C$ に対する満足度を $w_i(C_0)$ で表す．ここでは話
を簡単にするため，満足度関数については次の条件が成立しているものと約束
しておこう．いずれの条件もそれほど不自然なものではないはずである．

(1) 任意の $C_0 \subseteq C$ について，$0 \leq w_i(C_0) \leq 1$ である.
(2) $w_i(C) = 1$ である．つまり，C 全体の満足度は 1 である.
(3) **加法性**：C_0, C_1 が C の互いに交わらない部分集合ならば，

$$w_i(C_0 \cup C_1) = w_i(C_0) + w_i(C_1)$$

である．これは，二つの断片を合体させた断片の満足度は，単純にそれ
らの断片の満足度を足し合わせたものであるという規則である.

ここまでくると，我々の問題は次のように記述できる.

問題 3.26 上記の設定の下で，C の n-分割 $\{C_1, \ldots, C_n\}$ で次の条件を
満たすものを求めるにはどうしたらよいか？

満足条件：任意の参加者 x_i について，$w_i(C_i) \geq 1/n$ である．つまり，
x_i が C_i を受け取ると，x_i は $1/n$ 以上の満足度を獲得できる.

このように，ある程度の思い切った単純化，抽象化を行ったおかげで，問題
3.25 で書いた表現と比べて，より問題が明確になった．おそらく，これぐら
いの抽象化を施さないと，問題の解析も議論も何も進まないだろう．その意味
で，この問題は抽象化が難しい問題である．抽象化の方法は必ずしもここで述
べた方法だけではないであろうが，ここでは以上の抽象化をもとに話を進める
ことにしよう.

　これは，まさに**ケーキ分割問題** (cake cutting problem) として知られている有名な組み合わせ問題である．ここでは，文献 [3] で解説されているわかりやすい手順に従って，この問題を解くための手順について考えていこう．その前に，満足度関数 w_i について次の二つのことを確認しておく．

- 条件 (3) で示した加法性より，$w_i(\emptyset) = w_i(\emptyset \cup \emptyset) = w_i(\emptyset) + w_i(\emptyset)$ となるから，$w_i(\emptyset) = 0$ である．すなわち，「何も受け取るものがない」ことに対する満足度は 0 である．

- **単調性**：$C_0 \subseteq C_1$ であるとき，C_1 の中で C_0 以外の部分を C_0' とすると，$C_1 = C_0 \cup C_0'$ であり，かつ C_0, C_0' は互いに交わらない．よって，w_i の加法性から

$$w_i(C_1) = w_i(C_0) + w_i(C_0') \tag{3.17}$$

  が成り立つ．そして，条件 (1) から $w_i(C_0') \geq 0$ なので，$w_i(C_1) \geq w_i(C_0)$ である．やはり，何だかんだいって分け前が大きい方がウレシイわけである．

　ここからは話を単純化するための都合上，次のことも仮定しておく．

- どの参加者 x_i も，任意の $C_0 \subseteq C$ および任意の $0 \leq t \leq w_i(C_0)$ について，C_0 の部分集合 C_0' で

$$w_i(C_0') = t$$

  となるものを切り出すことができる．

これは，ケーキの喩えでいえば，ホールケーキ C 上の一部分 C_0 が指定されたとき，それの中から x_i にとってちょうど t の満足度がある断片 C_0' をうまく切り出すことができるということである．C_0' は C_0 の一部分なので，w_i の単調性から，t として考えられる範囲は 0 から $w_i(C_0)$ までである．分配されるものがケーキであればそれほど不自然な仮定ではないかもしれないが，この仮定は場合によってはやや制限の強い仮定になりうるかもしれない．

3.6.2 参加者が2人の場合

試しに簡単な場合を考えてみるのは問題解決のための良い戦略である. まずは最も単純な場合として, 参加者が $n = 2$ 人である場合を考えよう. この場合は, 実は次の手順に従えばあっさり解決することができる. 参加者は x_1, x_2 の2名であり, それぞれが1/2以上の満足度を得ることができれば成功である.

- 最初に, x_1 がケーキ C を2等分割する: $C = C_1 \cup C_2$.
  ここで2等分割とは, x_1 にとって C_1, C_2 の満足度がちょうど1/2ずつになるということ, すなわち $w_1(C_1) = w_1(C_2) = 1/2$ であるということであり, 単に大きさで2等分するのではないことに注意しておく.
- 次に, x_2 が C_1, C_2 のうちで, 自分にとって満足度が高い方 (より正確には, 満足度が小さくない方) をとる. つまり, $w_2(C_1) \geq w_2(C_2)$ であれば C_1 を, そうでなければ C_2 を選ぶ.
- x_1 は残された方を受け取る.

x_1 は C_1 と C_2 のどちらを受け取ることになっても, 必ず満足度1/2を確保できる. $1 = w_2(C) = w_2(C_1) + w_2(C_2)$ であるが, x_2 は $w_2(C_1)$, $w_2(C_2)$ の大きい方を選ぶので, やはり1/2以上の満足度を確保できる. C を切る権利と好きな断片を受け取る権利を分離するという単純なアイデアで無事に解決できた.

3.6.3 参加者が3人の場合

その次に単純な場合として, 参加者が $n = 3$ 人の場合を考えてみよう. この場合は, 2人の場合ほどは簡単にはいかないが, それでも2人の場合の考え方を少し一般化すれば解決できる.

基本的な発想は次の通りである. 参加者は x_1, x_2, x_3 の3名である. 誰か一人, 例えば x_1 が最初に自分にとって十分満足できる断片 C_0 を選ぶ. もしそれが x_2 と x_3 にとっても満足度が高く見えるものならば, 「x_1 のやつ, あんないい所取りやがって!」となってしまうので, 欲張り過ぎは禁物である. 一方で, もし C_0 が (x_1 にとっては十分満足できるが) x_2 と x_3 にとってはどう

でもいい程度の満足度しかないものならば，彼らにとっては C_0 が切り取られた後の残りの部分 C_1 の方にむしろ高い満足度が残っているので，C_1 を彼ら2人で分け合えば，3人とも幸せになれる．この考え方を精密化しよう．

命題 3.27　参加者が x_1, x_2, x_3 の3人であるとき，C の部分集合 C_0 で次の二つの条件を満たすものが存在する．

(1) C_0 は x_1, x_2, x_3 のうちの誰か一人にとっては満足度が $1/3$ 以上である．

(2) C_0 は残りの2人にとっては満足度が $1/3$ 以下である．

証明　まず，x_1 が自分にとってちょうど $1/3$ の満足度になる任意の断片 C_0 を指定する．すなわち，$w_1(C_0) = 1/3$ である．ここで，$w_2(C_0)$, $w_3(C_0)$ がともに $1/3$ 以下であれば，これで終わりである．

そこで，$w_2(C_0) > 1/3$ である場合を考えよう（$w_3(C_0) > 1/3$ である場合も同様である）．この場合，まずは C_0 を少しだけ縮めて，x_2 にとって満足度がぴったり $1/3$ になるようにする．正確にいえば，C_0 の部分集合 C_0' で，$w_2(C_0') = 1/3$ となるものを指定するということである．$C_0' \subseteq C_0$ なので，w_1 の単調性から $w_1(C_0') \leq w_1(C_0) = 1/3$ である．よって，もし $w_3(C_0') \leq 1/3$ でもあれば，C_0' は x_2 にとっては満足度が $1/3$ であり，x_1, x_3 にとっては満足度が $1/3$ 以下であるから，この C_0' が求める C_0 である．

そこで，引き続き $w_3(C_0') > 1/3$ である場合を考える．この場合は，C_0' は x_3 にとっては満足度が $1/3$ 以上であり，x_1, x_2 にとっては満足度が $1/3$ 以下である．よって，結局はこの場合でも C_0' が求める C_0 になる． □

命題 3.27 は C_0 の存在のみを主張する命題として書かれているが，その証明を見れば，そのような C_0 を実際にどう選べばよいかという方法までわかることに注意しておこう．さらに，その C_0 が誰にとって $1/3$ 以上の満足度があって，残り2人にとっては $1/3$ 以下の満足度しかないのかということもわかる．

命題 3.27 の仕組みを利用すると，参加者が3人の場合は次のような手順で問題を解決できる．

(1) 最初に，命題 3.27 で示された手順に従って，誰か一人にとっては満足度が $1/3$ 以上であり，残りの2人にとっては満足度が $1/3$ 以下となる断片 C_0 を選ぶ．

(2) ここでは仮に，$w_1(C_0) \geq 1/3$, $w_2(C_0), w_3(C_0) \leq 1/3$ であるものとし

ておこう．このとき，x_1 は断片 C_0 を受け取って退場する．

(3) C の中で C_0 を切り取って残された部分を $C_1 = C - C_0$ とする．これを x_2, x_3 で分け合う．C_1 を 2 人で分け合う方法は，参加者が 2 名の場合と同じである．最初にまず x_2 が C_1 を $C_1 = C_{11} \cup C_{12}$ と 2 分割して，C_{11}, C_{12} が x_2 にとって満足度が半分ずつになるようにする．

$$w_2(C_{11}) = w_2(C_{12}) = \frac{w_2(C_1)}{2}. \tag{3.18}$$

そして，x_3 は C_{11}, C_{12} のうちから自分にとって満足度が高い方を選び，残されたもう一方を x_2 が選ぶようにする．

この戦略で，まず (2) から x_1 が満足度 1/3 以上を確保できることは明らかである．(3) では，

$$1 = w_2(C) = w_2(C_0) + w_2(C_1)$$

であるが，$w_2(C_0) \leq 1/3$ なので，$w_2(C_1) \geq 2/3$ である．同じく，$w_3(C_1) \geq 2/3$ である．$w_2(C_1) \geq 2/3$ なので，x_2 が C_1 を式 (3.18) のように分割したとき，$w_2(C_{11}), w_2(C_{12})$ はどちらも $(2/3)/2 = 1/3$ 以上になっている．よって，x_3 が C_{11}, C_{12} のうちどちらを選ぼうとも，x_2 は必ず 1/3 以上の満足度を確保できる．x_3 にとっても，

$$w_3(C_{11}) + w_3(C_{12}) = w_3(C_1) \geq \frac{2}{3}$$

となっているので，$w_3(C_{11}), w_3(C_{12})$ のうちで大きい方は必ず 1/3 以上であり，よって x_3 も 1/3 以上の満足度を確保できる．

3.6.4 参加者が 4 人以上のとき（一般の場合）

さて，参加者が 2 名の場合と 3 名の場合についてほぼ同じ発想に基づく分割ができることを見てきたが，そうすると参加者が $n(\geq 4)$ 人になっても同様の考え方が通用するのではないかと期待することは自然な流れであろう．アイデアの要点は，断片 $C_0 \subseteq C$ で

- 参加者のうちの誰か一人 x_i にとっては $1/n$ 以上の満足度があり，

- 残りの参加者にとっては満足度は $1/n$ 以下である

という都合のいい条件を満たすものがあれば，x_i が断片 C_0 を受け取って '退場' し，残りの部分 $C - C_0$ を残された $n-1$ で分ければいいじゃないかということである．このシナリオを正当化するために，最初に命題 3.27 を次のように一般化しておこう．

命題 3.28　未だ退場していない参加者が k 人 $(2 \leq k \leq n)$ 残っているとして，その k 人で残された $C'(\subseteq C)$ を分け合う場面を考える．C' にはその k 人のそれぞれにとって k/n 以上の満足度が残されているものとする．このとき，C' の部分集合 C_0' で，次の 2 条件を満たすものが存在する．

(1) C_0' は k 人のうちの誰か一人にとっては満足度が $1/n$ 以上である．
(2) C_0' はその他の $k-1$ 人にとっては満足度が $1/n$ 以下である．

証明　基本的な考え方は命題 3.27 の方針と同じである．ここでは，残されている k 人を $x_1, \ldots, x_k$ と呼んでおく．

まず最初に，x_1 が自分にとってちょうど満足度が $1/n$ になる任意の部分 C_0^1 を C' の中から指定する（C' は x_1 にとっても満足度が $k/n \geq 1/n$ 以上あるので，これは可能である）．この C_0^1 が $x_2, \ldots, x_k$ にとって満足度が $1/n$ 以下であれば，$C_0' = C_0^1$ とおいて，x_1 が満足して終わればよい．

そこで，C_0^1 が x_1 以外の誰か，例えば x_2 にとって満足度が $1/n$ よりも真に大きい場合を考える．x_2 は C_0^1 を少し縮めて，自身にとって満足度がちょうど $1/n$ となる部分 C_0^2 を指定する．$C_0^2 \subseteq C_0^1$ なので，w_1 の単調性から，$w_1(C_0^2) \leq w_1(C_0^1) = 1/n$ である．C_0^2 が $x_3, \ldots, x_k$ にとって満足度が $1/n$ 以下であれば，$C_0' = C_0^2$ とおいて，x_2 が満足して終わればよい．

そこで，引き続き $w_3(C_0^2) > 1/n$ であるとすると，x_3 は C_0^2 を少し縮めて自身にとって満足度がちょうど $1/n$ になる部分 C_0^3 を指定する．$C_0^3 \subseteq C_0^2$ だから，w_1 の単調性から $w_1(C_0^3) \leq w_1(C_0^2) \leq w_1(C_0^1) = 1/n$ であり，同じく w_2 の単調性から $w_2(C_0^3) \leq w_2(C_0^2) = 1/n$ である．よって，C_0^3 が $x_4, \ldots, x_k$ にとって満足度が $1/n$ 以下であれば，$C_0' = C_0^3$ とおいて，x_3 が満足してこれで終わりである．以降同様にこの議論をどこかで終わるまで繰り返していく．途中でこの議論が終わらなかった場合には，最初の C' に含まれる部分集合 C_0^{k-1} で $w_i(C_0^{k-1}) \leq 1/n$ $(1 \leq i \leq k-1)$ かつ $w_k(C_0^{k-1}) > 1/n$ となるものが存在することになるが，この場合には x_k が C_0^{k-1} を受け取って満足すればよい．　□

この命題の手続きを一通り実行した後，残っていた k 人のうちのある一人の参加者 x_i が（彼にとって）$1/n$ 以上の満足度を持つケーキ断片 C_0' を首尾よく受け取って，この時点で x_i は退場する．次は残された $k-1$ 人で，同じようにしてさらに C' から C_0' を切り取った残りの部分 $C_1' = C' - C_0'$ を分け合う．ここで，C_0' は残りの $k-1$ 人にとっては $1/n$ 以下の満足度しかないが，もともとの C' には k/n 以上の満足度があったので，その $k-1$ 人にとって，残された C_1' には $k/n - 1/n = (k-1)/n$ 以上の満足度が残されている．ゆえに，C_1' を改めて C' だと思い，$k-1$ を k のことだと思えば，再び命題 3.28 を適用できる状況になっている．

以上から，$k=n, C'=C$（最初のホールケーキの全体）から開始して，命題 3.28 の手続きを繰り返し適用していくという戦略が浮かんでくる．最後には残存者が 2 名になるところまでたどり着くが，その時点で残されているケーキ C' には 2 人にとって $2/n$ 以上の満足度が残されているので，2 名の場合の分割戦略を適用すれば，残りの 2 人も首尾よくそれぞれ $1/n$ 以上の満足を得て終わることができる．この戦略を **Algorithm 3.10** に書いておこう．

Algorithm 3.10 ケーキを平和に分割する

Input: ケーキ C, 参加者リスト $X = \{x_1, \ldots, x_n\}$, 各参加者の満足度関数のリスト $\{w_1, \ldots, w_n\}$.

Output: 各参加者が $1/n$ 以上の満足度を得るケーキ分割.

1: **for** 次の手続きを繰り返す **do**
2: 　命題 3.28 に従って，ある x_i にとっては $1/n$ 以上の満足度があり，その他の x_j にとっては $1/n$ 以下の満足度となる C_0 を C から選ぶ．
3: 　x_i は C_0 を受け取って退場する．
4: 　この時点で残存者が 2 名以下になれば，ループを抜ける．
5: 　（残存者が 3 名以上のとき）C から C_0 をとった残りを改めて C とおいてループの最初に戻る．
6: **end for**
7: （残存者が 2 名になったら）残された C に 2 名のときの戦略を適用して終わる．

3.6.5　補　足

この節で考察したケーキ分割問題ではかなり思い切った抽象化が必要であったし，それと同時にいくつかの仮定の導入が必要であった．しかし，これらの思い切りのおかげで「誰か一人が自分だけの宝を受け取って，残りの部分を残された人たちで分け合う」というシンプルな発想で問題解決法の構築に至ったわけである．最初にも述べたように，抽象化の方法はここで述べた方法だけであるとは限らず，異なる抽象化からは異なる解決法が出てくるであろうし，抽象化の方法によっては自動処理化の段階で大きな困難を伴うことになる．その場合には，抽象化の方法を見直すことも必要である．

ここで構成された **Algorithm 3.10** は自然言語で記述すれば比較的シンプルなアルゴリズムとして理解できるが，これを現実のコンピュータを利用して実装するとなると技術的に難しいところが出てくる可能性がある．例えば，「ケーキの中で指定された満足度を持つ部分を切り取る」などという操作をどのように実装に反映させるのかという技術的な詳細は必ずしも自明ではない．

3.7　最適な経路を探す

鉄道を使って旅行しようとするとき，コンピュータやインターネット上のサービスを利用することが今日のように広く普及する以前は，時刻表と鉄道路線図を片手に経路を自分で調べることが普通であった．しかし，今日では出発駅，終着駅，出発日，出発時刻や到着時刻などの情報を入力すれば，自動的にコンピュータが経路をいろいろ探し出してくれるというサービスが当たり前になっている．また自動車で移動するときにも，カーナビゲーションシステム（カーナビ）を使用して経路を探すことが一般に広く普及している．このような複雑な経路探索を，コンピュータはどのようにして実行しているのだろうか．

3.7.1　抽象化 (1)：どの情報が必要か？

ここで考える問題をごく大雑把に定義すると，「与えられた地図上で，任意に指定された2都市間を結ぶ最適な経路を見つける問題」ということになる．問題を抽象化するステップとして，まずは明確にしておくべきことが少なくと

も二つある.

(1) 地図情報として与えられるべき情報は何か？

(2) 最適な経路とは何か？ 何を基準にして最適であると考えるのか？

　一般に，地図には有形無形のさまざまな情報が記載されているが，その中で我々が考えようとしている問題にとって必要である情報はどれかを見極めることが (1) のテーマである．これは，(2) で提示した「良い経路とは何か？」という基準をどのように考えるかという問題とも関係している．例えば，ごく簡単に「長さが短い経路ほど良い経路である」と考えることにすれば，地形の正確さや都市の正確な位置情報などは必要ではなく，「地図上にはどの都市があって，どの都市とどの都市の間にどれほどの長さの道路があるか（あるいは道路がないか）」という情報があればそれで足りる．しかし，例えば「渋滞は避けたい」などと考えれば，どの道路がどの時間帯によく渋滞するのかという情報まで必要になってくるし，「自転車移動なのでなるべく坂道は避けたい」となると，標高などの地形に関する情報が必要になるかもしれない．

　現実のカーナビゲーションシステムや鉄道路線検索システムなどでは，単に経路の長さだけではなく，所要時間（乗り換え時間を含む），渋滞発生率，必要経費（高速道路代金や運賃，特急料金）など，さまざまな要因を考慮しておく必要があるため，それに応じて必要とされる地図情報も多岐にわたる．しかしここでは，簡単のためにあまり複雑な設定は考えずに，最も簡単な問題設定として，経路の長さのみを考えることにしよう．つまり，単純に「長さが短い経路ほど良い経路である」と考えることにする．そうすると，地図情報としては

- 地図上にある都市（出発地，終着地および途中経由地となりうる都市）
- 都市間を結ぶ道路とその長さ

という二つの情報が揃えば十分であろう．

3.7.2 抽象化 (2)：情報をどう表現するか？

　ある程度取り扱うべき情報が明確になったところで，地図情報を表現するた

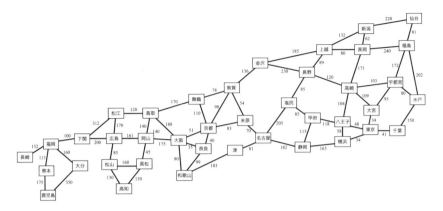

図 3.4　地図の一例．道路の側に記載されている数値はその道路の
長さ (km) を表す．

めの方法について考えよう．前項で述べたように，我々の目的には，地図情報
としては，地図上に存在する都市，および都市間を結ぶ道路とその長さに関す
る情報があれば十分である．

　そうすると，我々が考える地図は図 3.4 のような地図であろう．図 3.4 には
地形に関する情報は記載されていないし，都市の位置もかなり大雑把であり，
あまり正確ではない．例えば，図では上越市と福島市はほぼ同じ高さ（緯度）
であるが，実際には福島市の方がかなり北にあるし，下関〜広島間は 200 km
もあるのに，鳥取〜舞鶴間 (170 km) よりも短く描かれている．しかし，ここ
では地形に関する情報や都市の位置に関する情報は必要ではないので，このよ
うな些細なことがらは問題にならない．この地図上には大阪，横浜，仙台など
いくつかの都市があって，名古屋〜静岡間には 182 km の道路があり，敦賀〜
塩尻間には直通道路が存在しない，などという情報を読み取ることができれば
それで十分である．

　この図 3.4 のように，我々にとっての「地図」はグラフで記述されると考え
られる（グラフに関する基本用語については巻末付録 A の A.4 節を参照のこ
と）．図 3.4 は，道路の長さに関する情報をひとまず無視すれば，点集合 V と
辺集合 E がそれぞれ

$$V = \{\ 仙台, 福島, 新潟, \ldots, 福岡, 長崎\ \},$$

$$E = \{(仙台, 福島), (仙台, 新潟), \ldots, (熊本, 鹿児島)\}$$

であるグラフ $G = (V, E)$ で表現される．ここでは都市や道路の数が多いので途中を ... で省略して書いたが，本当はすべての都市と道路が並んでいると考えてほしい．なお，図 3.4 では辺の向きが指定されていないが，各々の辺に特定の向きが指定される場合は，地図を表現するグラフは有向グラフである．

地図上に存在する都市とそれらを結ぶ道路の接続関係に関する構造はグラフによって表現されるので，後は道路の長さに関する情報が追加されれば，我々にとっての地図ができあがる．

定義 3.29（地図） **地図**とは，次の項目から成る組 $M = (G, \ell)$ のことをいう．

(1) $G = (V, E)$ は都市の集合 V と道路の集合 E から成るグラフである．
(2) ℓ は各々の道路 $e \in E$ について，その**長さ** $\ell(e)$ を対応させる写像（関数）である．

ここで，道路 e の長さ $\ell(e)$ は正の実数であるが，小数点以下に無限の精度を要求しない場合にはせいぜい有理数であると仮定しておいてよいし，場合によっては $\ell(e)$ は自然数であると仮定しておいてもいいだろう．

地図 $M = (G, \ell)$ 上で，点 x から点 y へ至る**経路**，略して「x-y 経路」とは，グラフ G 上で点 x から出発していくつかの辺をたどりつつ，最後に点 y へ到達する道筋のことである[17]．例えば，図 3.5 のグラフで青線で描かれている部分は，点 v_1 から点 v_8 へ至る経路

$$v_1 \longrightarrow v_2 \longrightarrow v_4 \longrightarrow v_6 \longrightarrow v_7 \longrightarrow v_8 \tag{3.19}$$

を表している．ただし，有向グラフ上では辺の向きに逆らって進むことはできない．経路の**長さ**とは，その経路上にあるすべての辺 e の長さ $\ell(e)$ の総和の

---

[17] ここでいう「経路」は，巻末付録 A の A.4 節の解説にある「歩道」のことである．

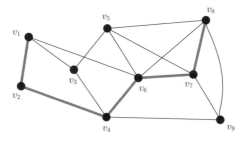

図 3.5　グラフ上での経路の例

ことをいう[18]．例えば，図 3.5 のグラフで

$$\ell(v_1, v_2) = 3, \ \ell(v_2, v_4) = 5, \ \ell(v_4, v_6) = 4, \ \ell(v_6, v_7) = 4, \ \ell(v_7, v_8) = 6$$

であったとすると，式 (3.19) の経路 P の長さは

$$\ell(P) = \ell(v_1, v_2) + \ell(v_2, v_4) + \ell(v_4, v_6) + \ell(v_6, v_7) + \ell(v_7, v_8) = 22$$

である．

3.7.3　問題の定義

ここまでの話を踏まえて，改めて我々が考える「最短経路探索問題」を定義しよう．

問題 3.30　地図 $M = (G, \ell)$ および出発地 x，目的地 y が与えられたとき，地図 M 上で x から y へ至る経路の中で最も長さが短いものを求めよ．

与えられた地図上で x から y へ至る経路をすべて調べ上げて，それらの中で最も長さが短いものを解として出力すればこの問題は解決する．地図の大きさが有限である限り，経路の個数は（どれほど莫大であっても）有限だから[19]，列挙漏れや重複をうまく排除する工夫さえきちんとしておけば，有限

---

18)　その経路が同一の辺 e を 2 回通るなどという無駄がある場合は，$\ell(e)$ を 2 回加えるものとする．

19)　ただし，同一の辺を繰り返し通る経路など，明らかに無駄のある経路は考慮に入れない

時間内に探索は終了する．これでも立派な自動処理ではあるが，このような「すべてを調べ上げる」という力任せの方法は，地図の規模がある程度大きくなってくると，調べ上げるべき経路の数が爆発的に多くなってしまい，たとえ高性能な計算機を用いたとしても事実上破綻することはいうまでもない．

3.7.4 もっと工夫してみよう

そこで，折角なので，もっと経路探索の方法を工夫してみよう．

例えば，大阪から青森に向かうというときに，いきなり塩尻あたりから経路を探し始めるという人はあまりいないだろう．そもそも，塩尻を経由するのが最良であるなどといきなりわかるものではないし，やはり「まずは大阪から京都を経由して米原へ行って，そこから北陸方面に向かうか，または名古屋・東京方面へ出るか……」というように，出発点から徐々に経路を延ばしていくのが自然であろう．このように，出発点から徐々に経路を延ばしていくという戦略が自然であることは次の命題からもわかる．

命題 3.31　地図上で，P が最短の x-y 経路であるとするとき，P 上にある任意の点 z について，P 上で x から z までの部分は最短の x-z 経路である．

証明　P の x から z までの部分を P_{xz} とし，z から y までの部分を P_{zy} とする．P_{xz} の最短性を示すには，Q を任意の x-z 経路として，$\ell(Q) \geq \ell(P_{xz})$ であることを示せばよい．ここで，ℓ は経路の長さを表している．

P 上で P_{xz} の部分を Q に置き換えて得られる x-y 経路を $P' = Q + P_{zy}$ で表す．ここで，記号 $+$ は経路の連接を表していて，「P' は Q に続いて P_{zy} をたどる経路である」ことを表している．P' は x-y 経路であるが，P は最短の x-y 経路なので，$\ell(P) \leq \ell(P')$ である．よって，

$$\ell(P_{xz}) + \ell(P_{zy}) = \ell(P) \leq \ell(P') = \ell(Q) + \ell(P_{zy})$$

である．ゆえに，$\ell(P_{xz}) \leq \ell(Q)$ である．　　　　□

やや堅苦しく述べたが，これは要するに「最短経路の一部分は，その途中点までの最短経路になっている」ということである．この見方を変えれば，「x からある点 y までの最短経路は，その途中点までの最短経路を延長して作成

ものとする．

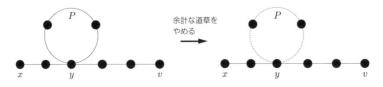

図 3.6　余計なループ P を削除すればもっと短い x-v 経路が得られる

できる」ということでもある．この意味で，出発点から順次経路を延ばしていくという探索方法は，決して的外れではないのである．

　そこで，「出発点 x から開始して，x に近い点 v から最短 x-v 経路を確定していき，それをさらに v の近くの点へ延長していく」という動的計画法的な方針で話を進めてみよう．

　以下，最短 x-v 経路が見つかって確定した点 v のことを**確定点**と呼び，最短 x-v 経路の暫定候補が何か見つかっている点を**暫定点**と呼ぶ．それら以外の点，つまり未だ経路探索の射程に入っていない点は**未踏点**と呼んでおく．

　本題に入る前に，比較的些細なことではあるが，いくつか簡単な注意をしておこう．まず，出発点 x からある点 v への最短経路を探すというときに，同じ点を 2 回以上通る経路は探索対象から外してよい．x-v 経路が図 3.6 のように途中の点 y のところで余計な道草 P を食っているとき，その道草をやめればもっと短い x-v 経路が得られるからである．

　次に，与えられる地図には多重辺がないと仮定してよい．ここで，2 点の間を結ぶ辺が複数あるときにそれらの辺を多重辺と呼んでいる．このような多重辺がある場合は，その中で長さが最も短いものを 1 本残して残りの辺はすべて破棄してしまってよい．自己ループ辺（ある点からその点自身へ帰ってくる辺のこと）も存在しないと仮定しておいてよい．

　さて，本題に入ろう．探索開始前の初期状態ではすべての点が未踏点であるが，最初に出発点 x は確定点にしてよい．最短の x-x 経路は「x から全く動かない経路」で確定できるからである．この経路を $P(x) = x$ で表しておく．

　次に，$w_1 = x$ の隣にある点，つまり x から辺 1 本で到達できる点が探索の射程に入る．x の各々の隣接点 v に対して，x から辺 (x, v) で直接 v へ向かう経路を $P(v) = (x, v)$ とする．ただし，$P(v)$ は最短の x-v 経路であるとは限

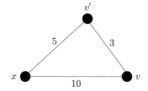

図 3.7 直接 $x \to v$ と向かう経路 $P(v)$（長さ 10）よりも，別の
点 v' を迂回する経路 $x \to v' \to v$（長さ $5 + 3 = 8$）の方が短い

らない．例えば，図 3.7 のように別の点 v' を経由して $x \to v' \to v$ という形
式で v へたどり着く経路の方が $P(v)$ よりも短いことがありうる．しかし，現
時点ではこの経路 $P(v)$ を最短 x-v 経路の暫定候補として保持しておくことに
する．これで v は未踏点から暫定点になったことになる．

この時点で，すでに確定点となった出発点 x を除けば次のような状況にな
っている．

- x の隣接点 v については，暫定の最短 x-v 経路 $P(v) = (x, v)$ が保持され
  ている（v は暫定点である）．
- それ以外の点 v は未踏点のままである．この状況を $P(v) = \emptyset$ で表す．

命題 3.32　x の隣接点 v のうち，$\ell(P(v))$ が最小となる点 v については，現
時点の $P(v) = (x, v)$ が最短の x-v 経路になっている．

証明　P' を任意の x-v 経路とする．P' が最初に通る辺は x のある隣接点 v' へ向かう辺
$P(v') = (x, v')$ である．$P(v)$ の最短性から $\ell(P(v)) \leq \ell(P(v'))$ なので，$\ell(P(v)) \leq \ell(P(v')) \leq \ell(P')$ となる． $\square$

そこで，x の隣接点 v のうち，$P(v)$ が最も短い v を何でもいいので 1 個選
び，それを w_2 とする．上の命題 3.32 に従って現在の暫定経路 $P(w_2) = (x, w_2)$ を最短の x-w_2 経路として確定させ，w_2 を新たに確定点とする．現時
点での確定点は，$w_1 = x$ と w_2 の 2 個である．

今度は，その w_2 を起点として，w_2 に隣接する各点 v へ向けて $P(w_2) = (x, w_2)$ を延長する．つまり，x-v 経路として，$P(w_2)$ に辺 (w_2, v) を繋げて v
まで延長した経路 $P(w_2) + (w_2, v)$ を考える．すでに確定点となっている w_1，

w_2 についてはこれ以上考慮する必要はない．これらを除いて，w_2 に隣接する各点 v について，

- $P(v) = \emptyset$（v が未踏点）ならば，$P(v) = P(w_2) + (w_2, v)$ とおく．よって，

$$\ell(P(v)) = \ell(P(w_2)) + \ell(w_2, v) = \ell(x, w_2) + \ell(w_2, v) \tag{3.20}$$

である．これで v は未踏点から暫定点に変わる．

- $P(v) \neq \emptyset$（v が暫定点）のときは，暫定経路 $P(v) = (x, v)$ を持っている．これと連接経路 $P(w_2) + (w_2, v)$ を比べて，もし $P(w_2) + (w_2, v)$ の方が短いならば，つまり

$$\ell(x, w_2) + \ell(w_2, v) < \ell(x, v)$$

ならば，現在の経路 $P(v)$ を破棄して改めて $P(v) = P(w_2) + (w_2, v)$ と設定する．そうでない場合は $P(v) = (x, v)$ のままにしておく．つまり，$P(v)$ と $P(w_2) + (w_2, v)$ の短い方をとるということである．よって，いずれにせよ $P(v)$ は (x, v) か $P(w_2) + (w_2, v)$ かのどちらかであり，

$$\ell(P(v)) \leq \min\{\ell(x, v), \ell(x, w_2) + \ell(w_2, v)\} \tag{3.21}$$

である．この時点でも，$P(v)$ は最短 x-v 経路であるとはまだ断定できないので，v は依然として暫定点のままである．

v が $w_1 = x$ の隣接点でも w_2 の隣接点でもない場合，v は未踏点のままである．

次の命題は，現時点においても命題 3.32 と同様のことが成立していることを示している．

命題 3.33　暫定点 w のうちで $P(w)$ が最も短い点 w について，現時点での暫定経路 $P(w)$ は最短 x-w 経路である．

証明　Q を任意の x-w 経路として $\ell(Q) \geq \ell(P(w))$ を示せばよい．Q が x の次に通る点を $v(\neq x)$ とする．

(i) $v = w_2$ のとき：Q が v の次に通る点を y とする（$y \notin \{x, v\}$ と仮定してよい）.
y は $v = w_2$ に隣接するからすでに暫定点になっており，w の選び方から $\ell(P(w)) \leq$
$\ell(P(y))$ である．一方，式 (3.20) または式 (3.21) から $\ell(P(y)) \leq \ell(x, w_2) + \ell(w_2, y) \leq$
$\ell(Q)$ である．ゆえに，$\ell(P(w)) \leq \ell(Q)$ である.

(ii) $v \neq w_2$ のとき：v は x に隣接するのですでに暫定点になっており，w の選び方
から $\ell(P(w)) \leq \ell(P(v))$ である．v が w_2 に隣接するならば，式 (3.21) から $\ell(P(v)) \leq$
$\ell(x, v)$ である．そうでないならば，$P(v) = (x, v)$ であり，$\ell(P(v)) = \ell(x, v)$ である．よ
って，いずれにせよ $\ell(P(v)) \leq \ell(x, v)$ である．したがって，$\ell(Q) \geq \ell(x, v) \geq \ell(P(v)) \geq$
$\ell(P(w))$ である． □

そこで，すべての暫定点 w のうちで $P(w)$ が最短である点 w を一つ選んで
それを w_3 とする．そして，命題 3.33 に従って $P(w_3)$ を最短 x-w_3 経路とし
て確定させ，w_3 を新たに確定点とする.

3.7.5 ダイクストラのアルゴリズム

ここまでの考察から，我々の戦略は概ね固まってきた．ポイントは次の通り
である.

- 地図上の各点 v について x-v 経路 $P(v)$ を維持管理していく．$P(v)$ は
「現時点で発見されている暫定的な最短 x-v 経路」を保持する.
- 最初はすべての点を未踏点とする（各点 v に対して $P(v) = \emptyset$ とおく）
が，出発点 x については $P(x) = x$（x から全く動かない経路）を設定し
て x は確定点であるとする．そして，x に隣接する各点 v について $P(v)$
$= (x, v)$ と設定して，v を暫定点とする.
- これ以後は，次の処理を繰り返す.
  (1) 暫定点 w のうちで $\ell(P(w))$ が最小である点 w を任意に一つ選び，
  それを新たに確定点とする.
  (2) 新たに確定点となった w に隣接する各点 v（ただし確定点は除く）
  について，(i)v が未踏点であれば，$P(v)$ として道 $P(w) + (w, v)$ を
  設定して v を暫定点にする．(ii)v が暫定点ならば，現在の暫定 x-v
  経路 $P(v)$ と，w を経由する x-v 経路 $P(w) + (w, v)$ を比較して，
  $P(w) + (w, v)$ の方が短い場合は，改めて $P(v) = P(w) + (w, v)$

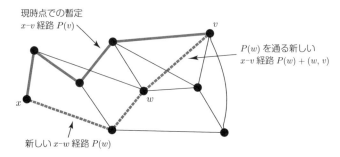

図 3.8 現在の暫定経路 $P(v)$ と新しい経路 $P(w) + (w, v)$ はどちらが短いか？

と設定しなおす（図 3.8）．v の状態は暫定点のままとする．

要するに，各点 v について，暫定的に x-v 経路 $P(v)$ を保持して，それよりもさらに短い x-v 経路が新たに見つかるたびに，$P(v)$ を更新するという処理を繰り返す．

上記の方針では，(1) で「$P(w)$ が最短である未確定点 w を確定点にする」ということになっている．この操作が少なくとも最初の 2 回については妥当であることを命題 3.32 と命題 3.33 で述べたわけだが，3 回目以降も妥当であると期待することは帰納的推測に過ぎない[20]．

推測の検討は後回しにして，ひとまず上で述べた基本方針に従ってアルゴリズムを構成してみよう．**Algorithm 3.11** はダイクストラのアルゴリズム[21]と呼ばれており，結論から先にいえば，もちろん実際に正しく最短経路探索問題を解くアルゴリズムになっている．これは直観的にも意味がわかりやすく，具体的な計算処理もシンプルで計算量も大きくなく，プログラムとしても実装しやすいという利点がある．この手法の基本的な考え方は，大規模なネットワーク上でのルーティングプロトコル[22]にも応用されている．

---

20) たった 2 回程度の実例を確かめただけでこのような帰納的推測を立てるのはいささか乱暴に見えるかもしれないが，その場合には 3 回目，4 回目についても同様の考察を行ってみればよいだろう．

21) Edsger Wybe Dijkstra．オランダの計算機科学者．日本語では「ダイキストラ」「タイクストラ」などと読まれている．

22) routing：ネットワーク上でパケットが流れる経路を適切に選択するための仕組み．

Algorithm 3.11 最短経路問題を解くダイクストラの方法

Input: 地図 $M = (G, \ell)$, 出発点 x.

Output: 地図 M 上で x から M 上の各点へ至る最短経路およびその長さ.

1: **1. 初期設定**
2: $S = \emptyset$ （空集合）, $U = \{x\}$, $P(x) = x$ とおく.
3: x 以外の各点 v について $P(v) = \emptyset$ とおく.
4:
5: **2. 主要部**
6: **for** 次の処理を繰り返す **do**
7:     $U = \emptyset$ ならば直ちに「**3. 結果の出力**」に移行する.
8:     点 $w \in U$ のうちで $\ell(P(w))$ が最小なものを一つ求める.
9:     w を U から S へ移す.
10:     **for** w に隣接する各点 $v \notin S$ について次の処理を行う **do**
11:        **if** $v \notin U$ または $\ell(P(w) + (w, v)) < \ell(P(v))$ である **then**
12:          $P(v)$ を $P(w) + (w, v)$ に更新する.
13:          （$v \notin U$ のときには）v を U に追加する.
14:        **end if**
15:     **end for**
16: **end for**
17:
18: **3. 結果の出力**
19: **for** 地図 M 上の各点 v について次の処理を行う **do**
20:     **if** $v \in S$ である **then**
21:        $P(v)$ とその長さ $\ell(P(v))$ を出力する.
22:     **else**
23:        「x から v へは到達不可能である」と出力する.
24:     **end if**
25: **end for**

　ダイクストラのアルゴリズムでは，出発点 x から地図上のすべての点 y への最短経路を一度に求めることができる．よって，ここでは終着点 y を入力として与える必要はない．また，地図のグラフ G は有向グラフであっても無向グラフであってもよいが，G が有向グラフである場合には，「点 w に隣接する点 v」とは辺 (w, v) が存在するという状況を表しているとする．ダイクストラのアルゴリズムについてもっと詳しいことを知りたい場合には，グラフ理論やアルゴリズムに関連する参考文献（例えば [9], [27] など）を参照してほしい．

1. 初期設定　2: と 3: は初期設定である．この段階では，この後に続く主要部の処理に入る前の準備的な処理を行う．

　集合 S は確定点の全体，U は暫定点の全体を表している（S にも U にも属さない点が未踏点である）．各点 v について，$P(v)$ は現時点での暫定 x-v 経路を保持する．2: では暫定点として出発点 x のみを設定して，さらに経路 $P(x)$ として $P(x) = x$（x から動かない経路）を設定している．こうすることで，実は後に続く「主要部」の **for** ループを 1 回実行すれば，9: において $x \in S$ となる（x が確定点になる）ようになっている．3: では出発点 x 以外の各点 v について $P(v) = \emptyset$ とおいているが，これは v が未踏点であるという設定をしていることに相当する．

2. 主要部　6: 〜16: がアルゴリズムのメインパートである．

　7: では $U = \emptyset$ の場合（つまり，暫定点がなくなった場合）には経路探索を打ち切って直ちに「結果の出力」に移行するようになっているが，ここでは $U \neq \emptyset$ の場合を処理を見てみよう．8: では，暫定点 w のうちで暫定経路の長さ $\ell(P(w))$ が最小である点 w を探し，9: ではその w を U から S に移している（要するに，w の状態を暫定点から確定点へと更新している）．

　10: 〜15: にかけての **for** ループでは，必要に応じて現在の暫定経路を新しい経路に更新する作業をしている．新たに確定点となった w の隣にある（確定点でない）各点 v について，v が暫定点であるときには，次の二つの x-v 経路を比較する（図 3.8）．

- 現時点での暫定経路 $P(v)$.
- $P(w)$ を経由する経路 $P(w) + (w, v)$.

もし $P(w) + (w, v)$ の方が短い場合には，11: の **if** 文の条件が合致して，12: で暫定経路 $P(v)$ をより短かな新しい経路 $P(w) + (w, v)$ へ再設定する．v が未踏点であるとき（$v \notin U$ であるとき）にも 11: の **if** 文の条件が合致するから，12: で暫定経路 $P(v)$ として経路 $P(w) + (w, v)$ が設定される．この場合は，13: において v は未踏点から暫定点に移行する．

　なお，主要部の **for** ループが 1 回実行されるたびに，8: で選ばれた点 w が S に入るので，S の大きさ（点の個数）が一つ増える．つまり，ループを 1 回実行するごとに確定点が一つ増える．よって，地図上に点が n 個あるとすれば，主要部のループが実行されるのは高々 n 回までであり，最終的には主要部を抜けて次の「結果の出力」フェーズに移行する．

3. 結果の出力　19: 以降は最終結果を出力する部分である．ここに到達する時点で暫定点はなくなっており，各々の点は確定点または未踏点のうちのどちらか一方の状態になっている．詳しくは後述するが，未踏点が残るのは，与えられた地図が連結[23]ではないときである．

- $v \in S$ であるときは，主要部を実行しているうちに，v が確定点として選ばれて S に追加された時点があったはずであるが，（我々の「帰納的推測」が正しい限り）その時点での $P(v)$ が最短 x-v 経路になっている．そしてその後，$P(v)$ が別の経路に更新されることはない（アルゴリズムでは，確定点 v に対して $P(v)$ を更新する操作は発生しない）．よって，21: で $P(v)$ を最短 x-v 経路として，その長さとともに出力している．
- $v \notin S$ ならば，主要部で v が確定点として選ばれる機会が全くなかったが，それは v が最後まで探索の射程に入ってこなかった場合，つまり v が未踏点であるまま残り続けた場合である．この場合，そもそも地図上で x-v 経路自体が全く存在しないから，23: でその旨を表示している．これは入力された地図グラフ G が '連結' でない場合に起こる．

---

[23]　地図が**連結**であるとは，どの 2 点間にもそれらを結ぶ経路が存在することをいう．

3.7.6 アルゴリズムの正しさ

最後に，我々の「帰納的推測」の妥当性も含めて，アルゴリズムの正当性について検討しておこう．ここでは，単に「ループ」という場合にはアルゴリズムの主要部にある **for** ループ（6: ～16:）を指すものとし，「暫定経路更新部」は 10: ～15: にかけての **for** ループを指すものとする．まず，アルゴリズムの動作から次のことはすぐに確認できるであろう．

- 一度確定点となった点は，その後もずっと確定点のままである．つまり，一度 S に入った点がその後で S から外されることはない．
- 一度暫定点になった点がその後で未踏点に戻ることもない．また，どこかの時点で暫定点になった点は，その後のどこかで確定点に移行する．
- $P(v)$ はループを実行するたびに不変であるか，または長さが減少する．$P(v)$ がより長い経路に置き換わることはない．
- 点 v がある時点で確定点になった後は，$P(v)$ は不変である．
- 未踏点が直接確定点になることはない．確定点になるには，必ずその前に暫定点にならなければならない．

このことを踏まえて，我々の「帰納的推測」が正しいことを示そう．

命題 3.34 $k \geq 1$ として，$k-1$ 回目のループの実行が終わった直後の状態（つまり，k 回目のループが始まる直前の状態）を考える．このとき，k 回目のループにおいて 8: で選ばれる点 w について，$P(w)$ は最短 x-w 経路である．

証明 k に関する帰納法を用いる．$k=1$ のときには $w=x$ だから主張は明らかである．$k \geq 2$ とする．Q を任意の最短 x-w 経路として，$\ell(Q) = \ell(P(w))$ であることを示せばよい．$\ell(Q) \leq \ell(P(w))$ は Q の最短性から明らかなので，$\ell(Q) \geq \ell(P(w))$ を示すのが目標である．Q を

$$Q : x = v_0 \xrightarrow{e_1} v_1 \xrightarrow{e_2} \cdots \xrightarrow{e_n} v_n = w$$

と書く．ここで，$n = \ell(Q)$ である（先に注意した通り，$v_0, v_1, \ldots, v_n$ はすべて相異なる）．$0 \leq i \leq n$ に対して，Q 上で x から v_i に至る部分を Q_i で表す（$Q = Q_n$ である）．これは最短 x-v_i 経路である．もし Q_i よりも真に短い x-v_i 経路 Q_i' があるなら，Q_i の部

分を Q_i' に置き換えれば Q よりも真に短い x-w 経路が得られ,Q の最短性に反するからである.

$v_0, \ldots, v_n$ の中で,k 回目のループ開始時点ですでに確定点になっている点 v_i が存在する(例えば,$v_0 = x$ がそうである).このような v_i のうちで,番号 i が最大であるものを考える.w は,k 回目のループ開始時点ではまだ暫定点なので,$i < n$ である.v_i が $k'(<k)$ 回目のループ実行時に確定点に移行したとする.k' に対して帰納法の仮定を使えば,$P(v_i)$ は最短 x-v_i 経路であることがわかる.一方で,Q_i も最短 x-v_i 経路だから,そこを $P(v_i)$ に置き換えることで $Q_i = P(v_i)$ であると仮定できる.

$i = n-1$ とする.この場合,$w = v_n$ は $v_i = v_{n-1}$ に隣接するので,v_i が確定点として選ばれた k' 回目のループで $\ell(P(w)) \le \ell(P(v_i)) + \ell(v_i, w)$ となるから,k 回目のループ開始時点においても $\ell(P(w)) \le \ell(P(v_i)) + \ell(v_i, w)$ である.$P(v_i) = P(v_{n-1}) = Q_{n-1}$ なので,

$$\ell(P(w)) \le \ell(P(v_i)) + \ell(v_i, w) = \ell(Q_{n-1}) + \ell(v_{n-1}, v_n) = \ell(Q)$$

が成り立つ.

次に,$i < n-1$ の場合を考える.$\ell(Q_{i+1}) < \ell(P(w))$ とすると,$\ell(Q_i) + \ell(v_i, v_{i+1}) = \ell(Q_{i+1}) < \ell(P(w))$ なので,w よりも前に v_{i+1} が確定点になっているはずであり,i の最大性に反する.よって,$\ell(P(w)) \le \ell(Q_{i+1}) \le \ell(Q)$ が成り立つ. $\square$

さて,以上の議論をもとに **Algorithm 3.11** が正しく動作することを確認しよう.まず,点 v が最終的に確定点になった場合を考える.v が $k(\ge 1)$ 回目のループにおける 8: で確定点として選ばれたとすると,命題 3.34 から $k-1$ 回目のループが終わった時点での $P(v)$ が最短 x-v 経路になっており,それ以後 $P(v)$ は変わらない.そして,21: において $P(v)$ が最短 x-v 経路として出力されるので,この動きは正しい.

逆に,地図上に何らかの x-v 経路が存在する場合には,v は必ず確定点になることを確かめる.$v = x$ である場合は明らかなので,$v \ne x$ と仮定しておいてよい.Q を任意の x-v 経路として,それを

$$Q : x = v_0 \xrightarrow{e_1} v_1 \xrightarrow{e_2} \cdots \xrightarrow{e_n} v_n = v$$

で表す.$v_0 = x$ は確定点であり,それに隣接する v_1 は暫定点に移行する.よって,v_1 はいずれ確定点となり,それに隣接する v_2 は暫定点に移行する.その v_2 もいずれは確定点となり……という議論を繰り返せば,v は確定点になることがわかる.これの対偶から,v が未踏点のままである場合には x-v 経路

は存在しない．これが 23: の動作である．

以上から，**Algorithm 3.11** が正しく動作することが確かめられた．なお，命題 3.34 の議論でも暗黙のうちに使っている条件であるが，ダイクストラのアルゴリズムはすべての辺の長さが 0 以上でないと正しく動作しない．もっとも，普通の地図では長さが負の道などは考えられないが，「地図」とは異なる何らかの文脈で最短経路探索の発想を援用する場合には，負の重みを持つ辺を考慮しなければならない場面があるかもしれない．

3.8　物資の最適な配送ルートを考える

日本では毎年のように地震や台風などを原因とする自然災害が起こる．各自治体などで災害に備えた生活必需品の備蓄を進めてはいるものの，いわゆる「想定外」の災害が発生した場合，備蓄だけでは足りなくなる可能性が高い．

ここでは，A 市で災害が発生したことを想定する．A 市では備蓄を進めていたものの，避難所に想定を超える住民が集まったため数日で備蓄が底をつくという見込みになった．そのため，A 市の市長が全国に向けて応援物資の発送をお願いしたところ，B 市から物資を送るという申し出があった．さて，B 市から A 市に向けてできるだけ効率的に物資を配送するには，どうすればいいだろうか？

3.8.1　どのような問題を考えればいいか

そもそも「効率的な配送」とはどういうものだろうか？　時と場合，配送する物資によって変わるものではあるが，例えば次のようなことが実現できれば「効率的」と考えるのはそう不自然ではないだろう．

- 多くの物資を配送する．
- 短時間で配送する．
- 低コストで配送する．

もちろん，これらすべてを実現できるに越したことはない．しかし，例えば短時間で配送するにはコストがかかるなど，これらの条件は互いにトレードオ

フになっていることが多く，同時に実現することは必ずしも簡単なことではない．そこで，B 市では慎重かつ迅速に検討を進め，次のような方針で A 市に物資を配送することにした．

- 利用可能なあらゆる物流ルートを利用して配送する（配送コストにはこだわらない）．
- できるだけ多くの物資を配送する．
- 配送完了までの時間にはこだわらない（使用期限がある物資は配送しない）．

これらを総合し，B 市は次のような問題設定を行った．

> 問題 3.35　B 市から A 市まで，あらゆるルート（複数でもよい）を利用して物資を配送したい．できるだけ多くの物資を配送するためには，どのように配送すればいいか．

3.8.2　問題の定式化

早速，問題 3.35 を解くために必要な情報を検討していこう．まずは「B 市から A 市までの配送ルート」の情報であるが，3.7 節を読んだ人であれば「グラフが活用できる」とすぐに思いつくかもしれない．問題 3.30 の言葉を借りれば，B 市（の備蓄拠点）を出発地，A 市（の災害対策本部）を目的地と考えることができる．また，グラフの点を物流拠点（駅，港，空港，運送会社の営業所など），辺をルート（鉄道，航路，空路，高速道路など）と考えることができる．

さて，今回の問題では最短距離を考えるわけではないので，各辺に対して「長さ」を考える必要はない．一方で「船舶や貨物電車なら一度に大量の物資を運べる」「トラックだとあまり大量の物資を輸送できない」など，物流ルートによって配送できる量に限界があることに注意しなければならない．物資が不足しているところにたくさん送るというのは重要なことであるが，あまりに大量に送りすぎて途中の物流拠点に物資が山積みになったり，拠点としての機

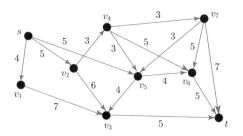

図 3.9 配送地図（各辺の数値は辺容量）

能が麻痺してしまっては意味がない．ゆえに，各辺（ルート）に対して「配送
できる物資の最大量」を考慮しておく必要があるだろう．なお，今回は各ルー
トごとにどちらの拠点に配送するかがあらかじめ決まっている，すなわち「有
向グラフ」を考えることにする．

　以上を踏まえると，B 市から A 市までの配送地図は次のような形で定式化
される（図 3.9）．

定義 3.36（**配送地図**）　次の項目から成る組 $R = (G, s, t, c)$ のことを**配送地
図**という．

- 有向グラフ $G = (V, E)$,
- 出発地 $s \in V$, 目的地 $t \in V$,
- 辺容量 $c : E \to \mathbb{Z}_{\geq 0}$（$\mathbb{Z}_{\geq 0}$ は 0 以上の整数の集合）[24].

　最後に述べた辺容量 c が，配送可能な物資の最大量を表現したものである．
すなわち「辺 $e \in E$ を利用して物資を配送する際は，量 $c(e)$ を超えて配送す
ることはできない」ということを意味する．

　なお，以下では図 3.9 のように出発地 s へ向かう辺，および目的地 t から出
る辺は存在しないものと仮定する．すなわち，s は物資を発送するためだけの

---

24)　辺容量を $\mathbb{Z}_{\geq 0}$ への関数として定義したのは，配送物資として「箱詰め可能なもの」を
　　想定しているからである．もし，配送物資として気体や液体（石油や天然ガスなど）を，ル
　　ートとしてパイプラインを考えるのであれば，辺容量を $\mathbb{R}_{\geq 0}$（0 以上の実数の集合）への
　　関数と定義する方が自然であり，そのような設定の問題を考えることもできる．

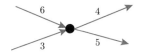

図 3.10 流量保存則のイメージ. 数値はその辺を利用して配送される物資の量を表す. 流入量 9 に対して流出量も 9 である.

拠点, t は物資を受領するためだけの拠点と考える, ということである.

　次は実際の物資配送について考えよう. 実際に配送する物資の量も辺容量と同じく E から $\mathbb{Z}_{\geq 0}$ への関数と考えることができる. その値が辺容量の値を超えることはできない, ということはすぐにわかるであろう. それから「s と t を除く各点について, そこに運び込まれる物資の量とそこから運び出される物資の量は等しい」ということも仮定しておくことにする. これは**流量保存則**（図 3.10）と呼ばれるもので, 各物流拠点において新たな物資の積み込みや配送されてきた物資の消費がない, ということを意味する. 災害時の物資輸送においては, 少なくとも被災地にたどり着く途中の物流拠点で救援物資が消費されるなどということがあってはならないが, 救援物資の追加はありうるのかもしれない. しかしここでは, 途中の拠点は単なる中継地であると考えて, そこでの物資の追加は仮定されないものとしておく.

定義 3.37 （フロー）　配送地図 $R = (G, s, t, c)$ に対して, 以下の二つの条件を満たす関数 $f : E \to \mathbb{Z}_{\geq 0}$ を**フロー**という.

(1)　（容量条件）各 $e \in E$ に対して $(0 \leq) f(e) \leq c(e)$ が成り立つ.

(2)　（流量保存則）各 $v \in V \setminus \{s, t\}$ に対して次の等式が成り立つ.

$$\sum_{w:(w,v)\in E} f(w, v) = \sum_{w':(v,w')\in E} f(v, w'). \tag{3.22}$$

ここで, $\sum_{w:(w,v)\in E}$ は $(w, v) \in E$ を満たすすべての点 w にわたる和を表している. $\sum_{w':(v,w')\in E}$ についても同様である.

各辺 $e \in E$ に対する $f(e)$ の値が「e を使って実際に配送する物資の量」と

なる. 式 (3.22) の左辺は「点 v に入る物資の量」を, 右辺は「点 v を出る物資の量」を表している. また, 流量保存則は出発地 (物資の発送地点) s と目的地 (物資の受領地点) t に対しては適用されないことに注意しておこう.

例 3.38 $R = ((V, E), s, t, c)$ を配送地図とする. このとき, 任意の辺 $e \in E$ に対し $f(e) = 0$ と定義すると $f : E \to \mathbb{Z}_{\geq 0}$ は R 上のフローになる. この f のことを**零フロー**といい, **0** で表す. □

ここまで準備ができると, 問題 3.35 は次のように定式化される.

問題 3.39 配送地図 $R = (G, s, t, c)$ が与えられたとき, 以下の値を最大にするようなフロー f を求めよ.

$$\mathrm{val}(f) = \sum_{v:(v,t)\in E} f(v, t).$$

問題 3.39 の $\mathrm{val}(f)$ の値は目的地 t に配送される物資の総量であり, これをフロー f の**流量**と呼ぼう. 流量 $\mathrm{val}(f)$ が最大のフロー f のことを R の**最大フロー**といい, 最大フローを求める問題のことを**最大フロー問題**という[25]. なお, 我々の設定では

$$\mathrm{val}(f) = \sum_{v:(s,v)\in E} f(s, v) \tag{3.23}$$

となることにも注意しておく (理由は各自で考えること).

3.8.3 素朴なアイデア

図 3.11 (左) の配送地図を例にとって, 問題 3.39 を解くために, 至って素朴な次のアイデアを試してみよう.

---

[25] 最大フロー f 自身は必ずしも唯一つではないが, 最大フローの流量は配送地図から唯一つに決まる値である.

● アイデア 1

1. $f = 0$ とする.

2. 物資を配送可能な s から t への経路(経路の定義は 3.7 節を参照のこと)を探す.もし,配送できる経路がなくなったら終了する.

3. その経路で可能な限り物資を配送し,それに応じて f を更新する.

4. 2 と 3 を繰り返す.

まず,経路 $s \to u \to v \to t$ に沿ってできるだけ配送してみよう.$c(s,u) = c(v,t) = 2$, $c(u,v) = 1$ であるから,この経路では物資を 1 配送することができる.それに沿ってフローを更新すると,$f_1(s,u) = f_1(u,v) = f_1(v,t) = 1$, $f_1(s,v) = f_1(u,t) = 0$ となるフロー f_1 が得られ(図 3.11(右)),$\mathrm{val}(f_1) = 1$ となる.

さらに物資を配送できないだろうか.すでに $f_1(u,v) = c(u,v)$ となってしまったので,経路 $s \to u \to v \to t$ には空き容量はなく,これ以上この経路を利用することはできない.そこで他に空き容量がありそうな経路を探してみると,$c(u,t) - f_1(u,t) = 2$, $c(s,u) - f_1(s,u) = 1$ なので,経路 $s \to u \to t$ に沿って物資 1 を追加で配送できる.これにより $f_2(s,u) = f_1(s,u) + 1 = 2$, $f_2(u,t) = f_1(u,t) + 1 = 1$, $f_2(u,v) = f_1(u,v) = 1$, $f_2(v,t) = f_1(v,t) = 1$, $f_2(s,v) = f_1(s,v) = 0$ となるフロー f_2 が得られる(図 3.12(左)).このフローの流量は $\mathrm{val}(f_2) = 2$ である.

また,経路 $s \to v \to t$ に沿っても物資を追加で配送できそうである.実際,$c(v,t) - f_2(v,t) = 1$, $c(s,v) - f_2(s,v) = 2$ なので,経路 $s \to v \to t$ に

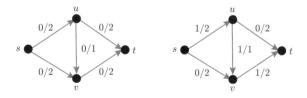

図 3.11 初期状態の配送地図(左:各辺にはフローの値・辺容量の順に数値を記載,以下の図でも同様)と経路 $s \to u \to v \to t$ に沿って物資を 1 配送したフロー f_1(右)

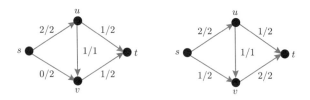

図 3.12 図 3.11 右からさらに経路 $s \to u \to t$ に沿って物資を 1 配送したフロー f_2（左），そこからさらに経路 $s \to v \to t$ に沿って物資を 1 配送したフロー f_3（右）

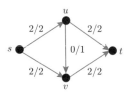

図 3.13 図 3.11（左）の配送ルートに対するもう一つのフロー f'

沿って物資 1 を追加で配送できる．これにより $f_3(v,t) = f_2(v,t) + 1 = 2$, $f_3(s,v) = f_2(s,v) + 1 = 1$, $f_3(s,u) = f_2(s,u) = 2$, $f_3(u,v) = f_2(u,v) = 1$, $f_3(u,t) = f_2(u,t) = 1$ となるフロー f_3 が得られる（図 3.12（右））．このフローの流量は $\mathrm{val}(f_3) = 3$ である．

図 3.11（左）の配送地図に存在する s から t への経路は上述した三つのみであり，すべての経路において配送可能な最大限の物資を配送した．よって，先ほど述べた方法では $\mathrm{val}(f_3) < \mathrm{val}(f)$ を満たすフロー f を作ることはできない．これで最大フローを求めることができたのであろうか．

ここで，経路を選ぶ順番を $s \to u \to t$, $s \to v \to t$ に変えて，図 3.11（左）に対してアイデア 1 を実行してみよう．すると図 3.13 に描かれているフロー f' を構成することができるが，このフローの流量は $\mathrm{val}(f') = 4$ である（各自で確かめてみること）．$\mathrm{val}(f_3) = 3$ であったから，f_3 は最大フローではないことがわかる[26]．このように，アイデア 1 では，s から t への経路を探す順番によっては最大フローを求められないことがある．残念ながらこれでは「解

---

26) f_3 はもうそれ以上追加で増量できないという意味で「極大」なフローではあるが，流量が最大という意味での「最大フロー」ではないということである．

法」としては不完全であろう.

では,どうしたらいいだろうか.ちょっと一息ついて,f_3(図 3.12(右))と f'(図 3.13)を眺めてみよう.$f_3(u,v) = 1$,$f'(u,v) = 0$ となっていることがわかると思う.すなわち,f_3 では辺 (u,v) を容量制限いっぱいに利用しているが f' では辺 (u,v) にまだ空きがある,ということである.アイデア 1 は簡単にいえば「容量に空きがある辺を利用することで物資の配送量を増やす」というものであった.一方で,f_3 から f' を得るためには「辺 (u,v) の利用を取りやめる」必要がある.そこで,「物資の配送量を増やせるのであれば,現在利用している辺の利用を取りやめて(あるいは,利用量を減らして)別の辺を利用する」という操作をアイデア 1 に反映させることができれば,最大フローにたどり着けないだろうか,と考えてみよう.

この新しいアイデアを記述するために,配送地図 $R = (G, s, t, c)$ およびその上のフロー f の組 (R, f) に対して,新たなグラフ $G' = (V', E')$ と辺容量 $c' : E' \to \mathbb{N}^{27)}$ の組 (G', c') を次のように作成する.

- (初期設定)$V' = V$,$E' = \emptyset$(空集合)とする.
- G の各辺 $(v, w) \in E$ に対して
  - $c(v, w) > f(v, w)$ ならば,辺 (v, w) を E' に追加して,$c'(v, w) = c(v, w) - f(v, w)$ とおく.
  - $f(v, w) > 0$ ならば,辺 (w, v) を E' に追加して,$c'(w, v) = f(v, w)$ とする(追加する辺の向きに注意).

具体例を見てみることにしよう.図 3.14(左)には二つの配送地図とそれらの上のフローが描かれている.これらに対して新たに作成したグラフと辺容量の組が図 3.14(右)である.右上のグラフには,辺 (v_1, v_2) に容量 1(左上のグラフの辺容量とフロー値の差)が割り当てられている.この 1 という数値は,元の配送地図において「辺 (v_1, v_2) にあとどれだけフローを増やすことができるか」を表している.また,逆向きの辺 (v_2, v_1) には辺容量 2 が割り当てられている.こちらは元の配送地図において「現時点で辺 (v_1, v_2) を流れ

---

27) c' の終域は $\mathbb{N}$ であり,0 は含まれていないことに注意.

図 3.14　二つの配送地図とフロー（左），およびそれらに対応する残余地図（右）

るフローの値」を表している．一方，右下のグラフには辺 (w_2, w_1) に辺容量 3 が割り当てられているのみで，逆向きの辺 (w_1, w_2) は存在しないことに注意しよう（左下の配送地図ではこれ以上フローの値を増やすことができない）．

上で述べた要領で構成した組 (G', c') のことを，(R, f) の**残余地図**と呼ぶ．配送地図 R と零フロー $\mathbf{0}$ の組 $(R, \mathbf{0})$ に対する残余地図は (G, c) である．

3.8.4　残余地図を利用して最大フロー問題を解く

残余地図を利用してアイデア 1 を洗練してみよう．アイデア 1 との違いは，s から t への経路を「残余地図上で」探す，というところである．

● **アイデア 2**

1. $f = \mathbf{0}$ とする．
2. 組 (R, f) に対して残余地図 (G', c') を作成する．
3. グラフ G' に対して，物資を配送可能な s から t への経路を探す．もしそのような経路がなければ終了する．
4. その経路で可能な限り配送し，それに応じて f を更新する．
5. 2〜4 を繰り返す．

例として，図 3.15（左）のフロー f_3 にこのアイデアを適用してみよう．右側の残余地図を見ると，経路 $s \to v \to u \to t$ に沿って物資を 1 配送できることがわかる．これに沿ってフローを更新すると，$f(s, v) = f_3(s, v) + 1 = 2$, $f(u, t) = f_3(u, t) + 1 = 2$ となる．また，選んだ経路に関係ない辺についてはフロー値は変わらない，すなわち $f(s, u) = f_3(s, u) = 2$, $f(v, t) = f_3(v, t) = 2$ である．問題は辺 (u, v) である．選んだ経路に従えば，辺 (v, u) に沿って物

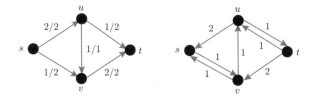

図 3.15 左は図 3.12 (右) と同じ. 右は左のフロー f_3 に対応する残余地図.

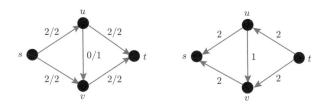

図 3.16 図 3.15 (左) から経路 $s \to v \to u \to t$ に沿って物資を 1 配送したフロー f (左). 対応する残余地図 (右).

資を 1 配送しなければならないが, 元の配送ルートでは v から u に向かって物資を配送することはできない. ここで「辺の利用を減らす」というアイデアが登場する. 具体的には「逆向きの辺に沿って物資を配送する場合は, その分だけ元の辺に沿って配送していた物資を減らす」と考える. つまり, もともと $f_3(u,v) = 1$ であり, そこから逆向きの辺 (v,u) に沿って物資を 1 配送するわけだから, $f(u,v) = f_3(u,v) - 1 = 0$ と更新するわけである. 以上を踏まえて図 3.15 (左) のフローを更新すると, 図 3.16 (左) のフロー f が得られる (f がフローになることは各自で確かめること). これは図 3.13 と同じフローであり, 流量は $\mathrm{val}(f) = 4$ である.

図 3.16 (左) のフロー f は最大フローになっているだろうか. 図 3.16 (右) は対応する残余地図であるが, それを眺めると, s を出る辺はないので, 配送可能な経路は存在しない. また, 元の配送地図 (図 3.11 (左)) において, 出発点 s を出る各辺の辺容量の和は $c(s,u) + c(s,v) = 2 + 2 = 4$ なので最大フローの流量は高々 4 である. これで, 図 3.16 (左) のフロー f は最大フローに

なっていることがわかる.

　以上の具体例で, 残余地図が何を意図して作成されたものかが何となく見えてきたのではないだろうか. もともとの配送地図上で, フロー f に対してあとどれぐらい「空き容量」を活用できる余地があるかを探るために使われるのが残余地図である.

3.8.5　残余地図を利用した解法の正当性

　前項で考察した通り, 図 3.11（左）の配送地図については, アイデア 2 を利用して最大フローを求めることができた. そこで, まずはアイデア 2 をアルゴリズムとして書き下しておこう（**Algorithm 3.12**）. ただし, 一般に点 x から点 y への「単純経路」とは, 経路 $x = v_1 \to \cdots \to v_n = y$ で $v_1, \ldots, v_n$ がすべて相異なるものを指しているとする.

練習 3.40　図 3.9 の配送地図に対して **Algorithm 3.12** を実行し, その過程で得られるフローをすべて求めよ[28].

　このアルゴリズムで任意の配送地図に対して最大フローを求めることができるだろうか. それを証明するためには, 以下の I〜III を示す必要がある.

I.　9: で更新された後の f のことを f' と表すことにすると, f' はフローであり, かつ $\mathrm{val}(f) < \mathrm{val}(f')$ である.

II.　**Algorithm 3.12** は必ず停止する.

III.　停止したときに得られるフローは最大フローである.

以下ではこれらの事実が成り立つことの証明の概略を述べる. 詳細については [9] などを参考にするとよい.

　まずは I について考えよう. s から t への単純経路 $s = v_1 \to \cdots \to v_n = t$ が見つかったとし, **Algorithm 3.12** の 9: によりフロー f が f' に更新されたとする. 各 $i = 1, \ldots, n-1$ に対して $(v_i, v_{i+1}) \in E$ または $(v_{i+1}, v_i) \in E$ のどちらか一方のみが成り立ち, それ以外の辺 $e \in E$ に対しては $f'(e) = f(e)$

---

28)　一般に, **Algorithm 3.12** の 7: における単純経路の選び方の順番により, 得られるフローは（最終的に得られるものも含めて）変わる可能性がある.

3.8 物資の最適な配送ルートを考える | 143

Algorithm 3.12　最大フローを求めるアルゴリズム

Input: 配送地図 $R = (G, s, t, c)$.

Output: R 上の最大フロー f.

1: **1. 初期設定**

2: $f = 0$ とおく.

3:

4: **2. 主要部**

5: **for** 次の処理を繰り返す **do**

6:　　(R, f) に対する残余地図 (G', c') を作成する.

7:　　G' 上で s から t への単純経路 $s = v_1 \to \cdots \to v_n = t$ を探す. 見つからない場合は直ちに「**3. 結果の出力**」に移行する.

8:　　$c'_0 = \min\{c'(v_1, v_2), \ldots, c'(v_{n-1}, v_n)\}$ とする.

9:　　各 $i = 1, \ldots, n-1$ に対し, $(v_i, v_{i+1}) \in E$ ならば $f(v_i, v_{i+1})$ の値を $f(v_i, v_{i+1}) + c'_0$ に, $(v_{i+1}, v_i) \in E$ ならば $f(v_{i+1}, v_i)$ の値を $f(v_{i+1}, v_i) - c'_0$ に, それぞれ更新する.

10: **end for**

11:

12: **3. 結果の出力**

13: f を出力する.

となることに注意すると, 以下が成り立つことがわかる.

(F1) $v_1, \ldots, v_n$ 以外の点 $v \in V$ では, f' に対して流量保存則が成り立つ.

(F2) 上述の「それ以外の辺」$e \in E$ について, $f'(e)$ は容量条件を満たす.

あとは次の三つを示せばよい.

(1) 各 $i = 1, \ldots, n-1$ に対して $f'(v_i, v_{i+1})$ ($(v_i, v_{i+1}) \in E$ のとき), $f'(v_{i+1}, v_i)$ ($(v_{i+1}, v_i) \in E$ のとき) は容量条件を満たす.

(2) f' に対する流量保存則が $v_2, \ldots, v_{n-1}$ においても成り立つ.

(3) $\mathrm{val}(f) < \mathrm{val}(f')$.

ここでは (2) の一部のみを考える. $t = v_2$ $(n = 2)$ のときは考察する必要はないので, $n \geq 3$ であると仮定する. このとき, 各 $i = 2, \ldots, n-1$ について以下の 4 通りの場合が考えられる.

(a) $(v_{i-1}, v_i), (v_i, v_{i+1}) \in E,$

(b) $(v_{i-1}, v_i), (v_{i+1}, v_i) \in E,$

(c) $(v_i, v_{i-1}), (v_i, v_{i+1}) \in E,$

(d) $(v_i, v_{i-1}), (v_{i+1}, v_i) \in E.$

(b) の場合 $f'(v_{i-1}, v_i) = f(v_{i-1}, v_i) + c'_0$, $f'(v_{i+1}, v_i) = f(v_{i+1}, v_i) - c'_0$ であり, f に関する流量保存則と (F2) を利用すると

$$\sum_{v:(v,v_i)\in E} f'(v, v_i) = f'(v_{i-1}, v_i) + f'(v_{i+1}, v_i) + \sum_{\substack{v:(v,v_i)\in E \\ v \neq v_{i-1}, v_{i+1}}} f'(v, v_i)$$

$$= \sum_{v:(v,v_i)\in E} f(v, v_i) = \sum_{w:(v_i,w)\in E} f(v_i, w)$$

$$= \sum_{w:(v_i,w)\in E} f'(v_i, w)$$

となり, (2) が成り立つことがわかる.

練習 3.41 (1), (2) ((a), (c), (d) の場合) および (3) を示せ.

次に II について考えよう. 配送地図 $R = (G, s, t, c)$ とその上の零フロー $\mathbf{0}$ が与えられ, 対応する残余地図において s から t への単純経路が見つかったとする. このとき $\mathbf{0}$ はあるフロー f_1 へ更新されるが, I に注意すると $\mathrm{val}(f_1) \geq \mathrm{val}(\mathbf{0}) + 1 = 1$ が成り立つことがわかる. 次に (R, f_1) に対する残余地図を考え, そこで s から t への単純経路が見つかったとする. すると, f_1 はあるフロー f_2 へ更新されるが, このとき $\mathrm{val}(f_2) \geq \mathrm{val}(f_1) + 1$ が成り立つ. この手順を繰り返すことにより, フローが合計 i 回更新され, その結果フロー f_i が得られたとする. このとき

$$\mathrm{val}(f_i) \geq \mathrm{val}(f_{i-1}) + 1 \geq \mathrm{val}(f_{i-2}) + 2 \geq \cdots \geq \mathrm{val}(\mathbf{0}) + i = i$$

が成り立つ. 一方, 任意のフロー f に対して $\sum_{v:(v,t)\in E} c(v, t) \geq \mathrm{val}(f)$ が成

り立つ（t に入る辺の辺容量の和よりも多く物資を配送することはできないからである）．よって，上で述べたフローの更新は高々 $\sum_{v:(v,t)\in E} c(v,t)$ 回しか実施することができず，**Algorithm 3.12** の主要部の繰り返しは有限回で終了する．これにより II が示される．

最後に III について，いくつかのステップに分けて考えよう．

(A) 配送地図 $R = ((V,E), s, t, c)$ に対して **Algorithm 3.12** を適用し，停止した時点で得られるフローを $\widetilde{f}$，$(R, \widetilde{f})$ に対する残余地図を $(G' = (V, E'), c')$ とする．このとき，V の部分集合 S を以下で定義する．

$$S = \{s\} \cup \{v \in V \mid G' \text{ において } s \text{ から } v \text{ への単純経路が存在する}\}.$$

$s \in S$ なので $S \neq \emptyset$ である．また，$t \in S$ ならば，G' 上に s から t への単純経路が存在して，**Algorithm 3.12** をまだ続けることができるので，$t \notin S$ である．それから，E の部分集合 $E(S, S^c)$ および $E(S^c, S)$ を

$$E(S, S^c) = \{(v, w) \in E \mid v \in S,\ w \in S^c\},$$
$$E(S^c, S) = \{(v, w) \in E \mid v \in S^c,\ w \in S\}$$

で定め，E' の部分集合 $E'(S, S^c)$ および $E'(S^c, S)$ も同様に定める．

(B) 配送地図 R 上の任意のフロー f（$\widetilde{f}$ である必要はない）に対して

$$\mathrm{val}(f) = \sum_{e \in E(S, S^c)} f(e) - \sum_{e \in E(S^c, S)} f(e) \qquad (3.24)$$

が成り立つことを示そう[29]．

$S = \{s = v_1, v_2, \ldots, v_l\}$ とする．式 (3.23) と流量保存則から

---

[29] 式 (3.24)（したがって式 (3.25) も）は，S を「s を含む任意の $V \setminus \{t\}$ の部分集合」に置き換えても成り立つ．

$$\text{val}(f) = \sum_{w:(v_1,w)\in E} f(v_1, w),$$

$$\sum_{w:(w,v_2)\in E} f(w, v_2) = \sum_{w:(v_2,w)\in E} f(v_2, w),$$

$$\vdots$$

$$\sum_{w:(w,v_l)\in E} f(w, v_l) = \sum_{w:(v_l,w)\in E} f(v_l, w)$$

が得られる．これらの式を注意深く眺めると，以下の事実がわかる．

- S の点どうしを結ぶ任意の辺 (v_i, v_j) に対し，$f(v_i, v_j)$ は「i 番目の式の右辺」と「j 番目の式の左辺」に1回ずつ現れる．
- S の点 v_i と S^c の点 w を結ぶ任意の辺 $(v_i, w) \in E(S, S^c)$ に対して，$f(v_i, w)$ は「i 番目の式の右辺」に1回だけ現れる．
- S^c の点 w と S の点 v_i を結ぶ任意の辺 $(w, v_i) \in E(S^c, S)$ に対して，$f(w, v_i)$ は「i 番目の式の左辺」に1回だけ現れる．

よって，これらの式をすべて足し合わせると

$$\text{val}(f) + \sum_{e\in E(S^c,S)} f(e) = \sum_{e\in E(S,S^c)} f(e)$$

となり，式 (3.24) が得られる．なお，この式から

$$\text{val}(f) \le \sum_{e\in E(S,S^c)} f(e) \le \sum_{e\in E(S,S^c)} c(e). \tag{3.25}$$

が得られることにも注意しておく[30]．

(C) 最後に，フロー $\tilde{f}$ に対して

---

[30] $s \in S$ から $t \in S^c$ へ配送される物資は，必ず「S の点から S^c の点へ向かう辺」を通る必要があるので，それらの辺の辺容量の和以上に物資を配送することはできない，ということ．

$$\mathrm{val}(\widetilde{f}) = \sum_{e \in E(S, S^c)} c(e) \tag{3.26}$$

が成り立つことを示そう.この式は $\widetilde{f}$ が式 (3.25) の等号を成立させるフローであることを示しており,それゆえ $\widetilde{f}$ が最大フローであることがわかる.

まず,$E'(S, S^c) = \emptyset$ が成り立つことに注意する.$(v, w) \in E'(S, S^c)$ とする.$v \in S$ だから,G' 上に s から v への単純経路が存在する.その最後に辺 (v, w) を加えることにより s から w への単純経路を構成することができるが,これは $w \in S^c$ であることに矛盾する.このことと残余地図の定義から,以下のことがわかる.

- 任意の $(v, w) \in E(S, S^c)$ に対して $\widetilde{f}(v, w) = c(v, w)$ ($\widetilde{f}(v, w) < c(v, w)$ ならば $(v, w) \in E'$ となり,上の事実に反する).
- 任意の $(w, v) \in E(S^c, S)$ に対して $\widetilde{f}(w, v) = 0$ ($\widetilde{f}(w, v) > 0$ ならば $(v, w) \in E'$ となり,上の事実に反する).

ゆえに,式 (3.24) を利用すると

$$\mathrm{val}(\widetilde{f}) = \sum_{e \in E(S, S^c)} \widetilde{f}(e) - \sum_{e \in E(S^c, S)} \widetilde{f}(e) = \sum_{e \in E(S, S^c)} c(e)$$

が得られる.

練習 3.42 練習 3.40 で得られたフローが式 (3.24) を満たすこと,および最後に得られるフローが式 (3.26) を満たす(ゆえに最大フローになる)ことを確かめよ.

3.9 サイコロを数える

今回は,与えられた対象物の総数をある一定の規則に従って**数え上げる**という種類の問題を題材にしたい.

サイコロはインチキなものでない限り普通は立方体でできていて,相対する面の目の数を足すと 7 になるようになっている.このような簡単な道具が,スゴロクから北海道発・某番組の人気旅企画に至るまで,さまざまなところで

用いられている．「ランダムな目に任せて何かを決める」という需要がそれなりにあるのだろう．

サイコロの目は数字だけとは限らない．例えば，芸人が集まってすべり知らずの鉄板ネタ話を披露する某番組のように，サイコロの目が出演者の名前になっているなどということもある．出演者が6名までなら普通のサイコロでよいが，7人以上いる場合には正八面体や正十二面体のサイコロのように面数が多いサイコロが必要になる．もっとも，3次元空間で生きる限り正多面体は正二十面体までしかないので，参加者が21人以上になると複数のサイコロを何らかの方法で組み合わせて使う必要がでてくる．

それはともかく，例えば正二十面体のサイコロを使うときには，それぞれの面に出演者の名前を一人ずつ書き込んでいくことになる．出演者が20名ぴったりとは限らない場合は，一部を「★」印にしておく，あるいは一部出演者の名前を複数の面に書き込むなどの方法が考えられる．

ここで例題として題材にしたいのは，このようにして正二十面体に名前や記号などのラベルを書き込んでいったとき，できあがるサイコロのパターンは全部で何通りあるのかということである．これが本節のタイトル「サイコロを数える」の由来である．

正二十面体ではさすがに図示しづらいし見た目にもわかりにくいので，簡単のため代わりに平面図で考えることにしよう．図3.17では，各々の円はサイコロの面に相当しているものとして，円の中の数字はその面につけられた名前などのラベルを表していると想定する．この場合，図の(A)と(B)は異なるパターンになっているように見えるが，実は図のようにして(A)を時計回りに一つ分回してから点線の軸に沿って裏返せば(B)になる．このような場合，(A)と(B)を区別せずに同じパターンであると見なしたいのである．一方で，(A)からはどうやっても回転と反転だけでは(C)に変形できないが[31]，このような(A)と(C)は違うパターンであると考えて区別する．

このように，「これら二つは同じパターンと見なす」という一定の規則が想定されるとき，それを踏まえて，相異なるパターンが全部で何通りできるかを

---

31) (A)は2を1個しか用いていないが，(C)には2が2個あることに注意．

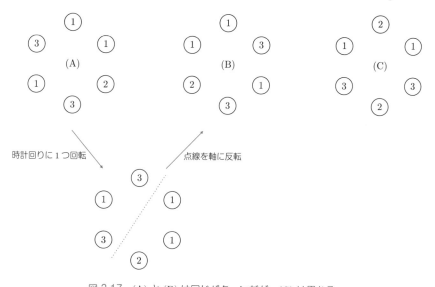

図3.17 (A) と (B) は同じパターンだが,(C) は異なる

考える.これが本節で扱う例題である.

3.9.1 抽象化

さて,問題の定義についてまだ曖昧な部分が残ってはいるが,問題の抽象化について考えていこう.3.6 節の例題でも体験したように,問題設定の曖昧なところを定式化していくことも立派な抽象化の仕事の一部である.

A. サイコロの面に値を書き込む

今回の例題では,「サイコロの面にラベル(数値,名前,記号など)を書き込む」という操作があるが,この部分は数学でいう「写像」の考え方を使って表現できる.二つの有限集合 F, L を考える.F はサイコロの面の集合,L はサイコロの面に書き込まれるラベルの集合をそれぞれ表していると思えばよい.例えば,サイコロが正二十面体であるときには,サイコロの各面を仮に 1

～20 の番号で呼ぶことにすれば，$F = \{1, 2, \ldots, 20\}$ である[32]．また，サイコロの名前に出演者の名前を書くのであれば，L として

$$L = \{\text{松本}, \text{千原}, \text{宮川}, \ldots\}$$

などと考えればよい．面が 20 個あっても出演者は必ずしも 20 人ぴったりではないように，一般に $\#L = \#F$ である必要はない．ここで，$\#$ は集合の大きさ，すなわち元の個数を表している．

こうすると，サイコロの面にラベルを書き込むということは，単に任意の写像 $f : F \to L$ を構成することであると表現できる．

B. 写像をグループ分けする

次は，図 3.17 における (A) と (B) を同じパターンと見なし，(C) はそれとは異なるパターンと見なすというように，写像 $f, g : F \to L$ が同じである，あるいは異なるとはどういうことかを表現するにはどうすればよいかを考えよう．つまり，写像 $F \to L$ らを「同一のもの見なされるもの」は同一のグループに，「異なると見なされるもの」は異なるグループに，それぞれ**分類**したいのである．そして，分類が終わった後に，全部で何個のグループに分かれたのかを数え上げることが今回の例題の目標である．

ここで「分類」という言葉が出てきたが，今回の例題のように何らかの対象物の個数を数え上げる問題の場合，それらの対象物を適切に分類することは重要なステップである．そこで，今回のテーマは「分類」である．

さて，今は写像 g が写像 f を何らかの方法で入れ替えることで得られるときに，g は f と同じであると見なしたいし，そうでないときには g と f は異なるものとして区別したいのである．ここでは，「置換」を利用してそのことを表現してみよう．集合 X 上の**置換**とは X の要素を入れ替える（シャッフルする）操作のことであり，写像の言葉で表現すれば X から X 自身への全単射のことをいう．全単射など，写像に関する基本用語については巻末付録 A の A.2 節をご覧いただきたい．

---

[32] もちろん，話を物理的に実現可能な正多面体サイコロに限定する積極的な理由でもない限り，F として 21 個以上の要素から成る集合を考えることも可能である．

σ を面の集合 F 上の置換（F から F 自身への全単射）とし，$f : F \to L$ を写像とするとき，f を σ で変換した写像 $f^\sigma : F \to L$ を

$$f^\sigma(x) = f(\sigma(x)) \quad (x \in F) \tag{3.27}$$

で定義する．すなわち，f が面 $\sigma(x)$ にラベル $y \in L$ を書き込む写像であれば，f^σ は面 x にラベル y を書き込むというわけである．合成写像の書き方を使えば，$f^\sigma = f \circ \sigma$ ということである．

定義 3.43　F 上のいくつかの置換から成る集合 Γ に対して，写像 $f : F \to L$ が写像 $g : F \to L$ に **Γ-同値**であるということを次の条件によって定義する．

　　何らかの置換 $\sigma \in \Gamma$ に対して，$g = f^\sigma$ が成り立つ．

　この定義は要するに，f にある置換 $\sigma \in \Gamma$ を適用して'入れ替え'を行えば g にぴったり重なるということを表現している．集合 Γ は，面の入れ替え操作としてどの程度の操作を許すのかを制御する．

　f が g に Γ-同値であるという裏にはもちろん「f と g は同じであると見なしたい」という気持ちがある．その「同じである」という気持ちからは，次の条件が成り立っていると期待するのは自然なことである．

- 反射性：f は f 自身に Γ-同値である．
- 対称性：f が g に Γ-同値であれば，逆に g が f に Γ-同値でもある．
- 推移性：f が g に Γ-同値であり，さらに g が h に Γ-同値であれば，f は h に Γ-同値である．

反射性は「自分は常に自分自身の仲間である」という意味で，対称性は「仲間どうし」という関係に向きはないということ，推移性は「友達の友達は友達」という意味である．このように，反射性，対称性，推移性の 3 条件を満たす関係は数学でまさに**同値関係**と呼ばれている．Γ-同値性は写像 $F \to L$ らの同値関係であるべきだ，ということである．

補足 3.44　「同値」という言葉は数学でよく用いられる言葉であり，「厳密にいえば異な

るモノどうしであっても，ある観点から見れば同一のものと考えてよい」「A と B はある意味で同類である」というような意味を表している．例えば，平面三角形の相似関係は「大きさや向きが違っても形状が同じであれば同じ三角形と見なす」という意味の同値関係である． □

反射性は，Γ が単位置換[33]id_F を含むことを前提にすれば自明に成り立つ．式 (3.27) から $f^{\mathrm{id}_F} = f$ だからである．対称性は，$\sigma \in \Gamma$ であれば逆置換 σ^{-1} も必ず Γ に属することを前提にすれば保証される．$f^\sigma = g$ であれば，この両辺を σ^{-1} で変換すれば $g^{\sigma^{-1}} = f$ となるからである．最後に推移性については，$\sigma, \tau \in \Gamma$ であれば，合成置換 $\sigma \circ \tau$ も Γ に属することを前提にすれば成り立つ．一般に任意の写像 f と置換 σ, τ に対して $f^{\sigma \circ \tau} = (f^\sigma)^\tau$ であるから，$g = f^\sigma$, $h = g^\tau (\sigma, \tau \in \Gamma)$ とすれば $h = f^{\sigma \circ \tau}$, $\sigma \circ \tau \in \Gamma$ が成り立つからである．以上の理由から，我々は Γ に関して次の前提をおくことにする．

G1:　$\mathrm{id}_F \in \Gamma$ である．

G2:　$\sigma \in \Gamma$ であれば逆置換 σ^{-1} も必ず Γ に属する．

G3:　$\sigma, \tau \in \Gamma$ であれば合成置換 $\sigma \circ \tau$ も Γ に属する．

このような Γ を F 上の**置換群**と呼んでおこう．**群**とは代数学の用語であるが，ここで特に群について深入りする必要はない．

さて，以上の抽象化をもとにすれば，我々の問題を次のように記述することができる．

> **問題 3.45**　空でない有限集合 F, L および F 上の置換群 Γ が与えられたとき，写像 $F \to L$ の総数を求めよ．ただし，Γ-同値な写像は同じ写像であると見なす．

この抽象化では，我々はサイコロを単に一つの集合 F と見なしただけで，どの面がどの面の隣にあるなどという面の位置関係の情報は捨ててしまった．その代わり，回転や軸対称反転などの操作でどの面がどの面に移り変わるのか

---

33)　任意の $x \in F$ を x 自身に変換する置換，つまりは何もしない置換のこと．恒等置換ともいう．

ということを面の置換として表現するようにしたのである.

3.9.2 仲間は何人？

話を進めるにあたり記号の約束をしておく．F は n 個の面を持つものとして，$F = \{1, 2, \ldots, n\}$ と書くことにする．ラベルの集合 L は m 個の値を持つとする．写像 $F \to L$ の全体集合を $M(F, L)$ で表す．$\#F = n, \#L = m$ だから，$\#M(F, L) = m^n$ である[34]．

さて，一般に写像 $f : F \to L$ に Γ-同値な写像の全体，つまり f と同一視される写像の全体を f の「Γ-同値類」と呼ぶことにすれば，問題 3.45 は「相異なる Γ-同値類が全部で何個あるかを数えよ」という問題である．個々の Γ-同値類の大きさを求めるのではなく，Γ-同値類が何個現れるかを求めるのである．

どの写像 f についてもその Γ-同値類の大きさが一定値 k であるという場合には話は簡単である．上で述べた通り，写像 $F \to L$ は全部で m^n 個ある．そして，それぞれの Γ-同値類は k 個の写像から成るので，Γ-同値類の個数は m^n/k である．これは「生徒が全部で 240 人いて，一部屋 6 人で泊まるなら，部屋は $240/6 = 40$ 室ある」という計算と全く同じ理屈である．

しかし，一般には写像 f によってその Γ-同値類の大きさはバラバラであり，これが問題 3.45 の難所である．とはいえ，各々の写像 f に対する Γ-同値類の大きさに関する情報が全く無益かというとそうでもない．仮に全部で t 個の Γ-同値類 $C_1, C_2, \ldots, C_t$ があるものとして，各々の Γ-同値類 C_i から代表者となる写像 $f_i \in C_i$ を何でもよいので一つ選んでおく（つまり，C_i は f_i の Γ-同値類である）．どの写像 $f : F \to L$ も $C_1, C_2, \ldots, C_t$ のうちのどこかちょうど一つに分類されるので，各々の C_i ごとにそこに属する写像の個数を数え合わせれば

$$m^n = \#M(F, L) = \sum_{i=1}^{t} \#C_i$$

---

[34] 写像 $f : F \to L$ を構成する際に，n 個の元 $x \in F$ のそれぞれに対して値 $f(x) \in L$ の候補が m 通りあることによる.

が得られる. 一般に, 写像 $f : F \to L$ の Γ-同値類の大きさを k_f で表すと, $\#C_i = k_{f_i}$ なので,

$$m^n = \sum_{i=1}^{t} k_{f_i} \tag{3.28}$$

である. これで, 我々が今求めたい量 t（Γ-同値類の総数）と既知の量 $n = \#F$, $m = \#L$ を結びつける関係式が一つ浮かび上がってきた. これは t が総和記号の上に乗っているので扱いにくい式ではあるが, それでも各々の写像 f に対する Γ-同値類の大きさ k_f が何らかの手がかりになりそうな感じは見えてきたのではないだろうか. $k_{f_1} = \cdots = k_{f_t} = k$ である場合は, 直ちに $m^n = tk$ から $t = m^n/k$ が得られることは先に述べた通りである.

　そこで, 任意の写像 f について, その Γ-同値類の大きさを見積もってみよう. 要するに, f の「仲間」がどれぐらいいるのかを調べるのである. これが, 本項のタイトル「仲間は何人？」の意味である.

　先にも述べたが, 何かを数えるときに重要なのは, **数えられる対象物をうまく分類してまとめる**ことである. 今は写像 f の Γ-同値類の大きさ k_f を求めたいのであるが, f の Γ-同値類は集合として書けば

$$\{f^\sigma \mid \sigma \in \Gamma\}$$

であり, これは σ が Γ 全体を動くときに生じる写像 f^σ の集まりである. もし σ ごとに f^σ がすべて異なるのであれば $k_f = \#\Gamma$ である. しかし, 一般には $\sigma \neq \tau$ であっても $f^\sigma = f^\tau$ となることがありうるので, そこまで話は単純ではない.

　そこで, 置換 $\sigma, \tau \in \Gamma$ が f を同じ写像に変換するとき, つまり $f^\sigma = f^\tau$ であるとき, σ と τ は「f-同値」であるということにして[35], Γ を f-同値関係に従って分類してみよう. f-同値な二つの置換は f を同一の写像に変換するので, Γ 上に「f-同値類」が $\hat{k}_f$ 個現れるのであれば, σ が Γ を一巡する

---

[35] f-同値性は Γ 上の同値関係であること（反射性, 対称性, 推移性を満たすこと）は定義からすぐにわかるので, 各自で確かめてみてほしい. なお, f-同値性と Γ-同値性は別物なので, 混同しないように注意しよう.

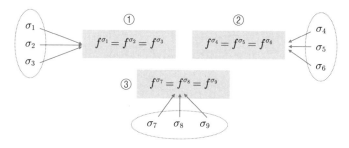

図 3.18 $\Gamma = \{\sigma_1, \sigma_2, \ldots, \sigma_9\}$ が 3 個の f-同値類に分かれた例

間に $\hat{k}_f$ 通りの写像 f^σ が現れることになる. よって, $k_f = \hat{k}_f$ である. つまり, k_f を求めるには, Γ 上に現れる f-同値類の個数 $\hat{k}_f$ を求めればよいということになる. 例えば, 図 3.18 は $\Gamma = \{\sigma_1, \sigma_2, \ldots, \sigma_9\}$ が 3 個の f-同値類 $\{\sigma_1, \sigma_2, \sigma_3\}$, $\{\sigma_4, \sigma_5, \sigma_6\}$, $\{\sigma_7, \sigma_8, \sigma_9\}$ に分かれた例を図示している. それぞれの f-同値類から写像 $f^{\sigma_1} = f^{\sigma_2} = f^{\sigma_3}$, $f^{\sigma_4} = f^{\sigma_5} = f^{\sigma_6}$, $f^{\sigma_7} = f^{\sigma_8} = f^{\sigma_9}$ の 3 通りの写像が生成されるので, この例の場合は $k_f = \hat{k}_f = 3$ である.

補題 3.46 $\sigma, \tau \in \Gamma$ について, $f^\sigma = f^\tau$ であるためには, 合成置換 $\tau \circ \sigma^{-1}$ が f を固定すること, すなわち $f^{\tau \circ \sigma^{-1}} = f$ であることが必要十分である.

証明 $f^\sigma = f^\tau$ ならば, この両辺を σ^{-1} で変換すれば $f^{\tau \circ \sigma^{-1}} = f^{\sigma \circ \sigma^{-1}} = f^{\mathrm{id}_F} = f$ が得られる. 同じようにして, 逆に $f^{\tau \circ \sigma^{-1}} = f$ ならばこの両辺を σ で変換すれば $f^\sigma = f^\tau$ が復元できることもいえる. $\square$

この補題を踏まえて, 一般に写像 $f : F \to L$ に対して, f を固定する置換 $\sigma \in \Gamma$ の全体を

$$\Gamma_f = \{\sigma \in \Gamma \mid f^\sigma = f\}$$

で表し, これを f の **固定集合** と呼んでおくことにする. 単位置換 id_F は常に Γ_f に属するので, Γ_f は空集合ではない.

補題 3.46 は, $\sigma, \tau \in \Gamma$ が f-同値であるためには $\tau \circ \sigma^{-1} \in \Gamma_f$ であることが必要十分であると主張している. このことを利用すれば, 各々の $\sigma \in \Gamma$ に対

する f-同値類の大きさが見えてくる.

補題 3.47 任意の $\sigma \in \Gamma$ について,その f-同値類は $\#\Gamma_f$ 個の置換から成る.

証明 補題 3.46 から,σ の f-同値類は $\tau = \pi \circ \sigma (\pi \in \Gamma_f)$ という形で書ける置換 τ の全体であり,集合として書けば

$$\{\pi \circ \sigma \mid \pi \in \Gamma_f\}$$

である.$\pi, \pi' \in \Gamma_f, \pi \circ \sigma = \pi' \circ \sigma$ とすると,この両辺に逆置換 σ^{-1} を右から合成すれば $\pi = \pi'$ となる.これの対偶から,$\pi \neq \pi'$ ならば $\pi \circ \sigma \neq \pi' \circ \sigma$ である.つまり,π によって $\pi \circ \sigma$ はすべて相異なる置換である.したがって,σ の f-同値類の大きさは π がとりうる値の総数,つまり $\#\Gamma_f$ に等しい. □

ゆえに,Γ 上に f-同値類が $\hat{k}_f$ 個現れるならば,$\#\Gamma = \hat{k}_f \cdot \#\Gamma_f$,すなわち

$$k_f = \hat{k}_f = \frac{\#\Gamma}{\#\Gamma_f} \tag{3.29}$$

が成り立つ.これは「各々の部屋に 6 人いて,部屋が 40 個であれば,全部で $6 \times 40 = 240$ 人いる」という計算と全く同じ理屈である.

3.9.3 それで,結局 Γ-同値類の個数は? (1)

ここまでの議論では,任意の写像 $f : F \to L$ についてその Γ-同値類の大きさ k_f を式 (3.29) のように見積もったわけであるが,そのもともとの動機は式 (3.28) にあった.ちょっと戻って復習しておくと,写像 $F \to L$ らの間に Γ-同値類が全部で t 個現れるとして,それらを $C_1, C_2, \ldots, C_t$ としておき,各々の C_i から何でもいいので代表者 $f_i \in C_i$ を一つ選べば

$$m^n = \sum_{i=1}^{t} k_{f_i}$$

が成り立つ,ということであった.この式に先ほどの式 (3.29) を代入すれば

$$m^n = \sum_{i=1}^{t} \frac{\#\Gamma}{\#\Gamma_{f_i}} = \#\Gamma \sum_{i=1}^{t} \frac{1}{\#\Gamma_{f_i}}$$

となる. $m = \#L$, $n = \#F$ および $\#\Gamma$ は既知の量であり, t が今求めたい未知の量である. しかし, $\#\Gamma_{f_i}$ が不明瞭な量として居残っている.

ここで個々の $\#\Gamma_{f_i}$ を直接求めにいくと話が堂々巡りになりそうな気がするので ($\#\Gamma_{f_i}$ を表現するために k_{f_i} が必要になる, などというように), そうではなく総和 $\sum_{i=1}^{t} k_{f_i}$ を直接見積もることができないかというアプローチで方向転換してみよう. ここはやや技巧的なところかもしれないが, 次の集合を考えてみる.

$$P = \{(f,\sigma) \mid f \in M(F,L),\ \sigma \in \Gamma,\ f^{\sigma} = f\}. \tag{3.30}$$

つまり, 写像 $f : F \to L$ と置換 $\sigma \in \Gamma$ の組 (f,σ) で「σ は f を固定する」という条件を満たすものの全体を P とする. この集合 P の大きさ $\#P$ は, 次の2通りの方法で見積もることができる.

(i) 一つ目の方法では, P の定義式をちょっと書き換えて

$$P = \{(f,\sigma) \mid f \in M(F,L),\ \sigma \in \Gamma_f\}$$

と見る. こう見れば, 写像 $f \in M(F,L)$ ごとに Γ_f の大きさを調べて総和をとれば P の大きさになるはずなので,

$$\#P = \sum_{f \in M(F,L)} \#\Gamma_f \tag{3.31}$$

が得られる. 式 (3.29) から $\#\Gamma_f = \#\Gamma/k_f$ なので,

$$\#P = \sum_{f \in M(F,L)} \frac{\#\Gamma}{k_f} = \#\Gamma \sum_{f \in M(F,L)} \frac{1}{k_f} \tag{3.32}$$

とも書ける.

(ii) 二つ目の方法では, P の定義を次のように書き換える.

$$P = \{(f,\sigma) \mid \sigma \in \Gamma,\ f \in M_\sigma\}.$$

ただし, 置換 $\sigma \in \Gamma$ に対して, M_σ は σ で固定される写像 f の全体

$$M_\sigma = \{f \in M(F,L) \mid f^\sigma = f\} \tag{3.33}$$

を表す. $\sigma \in \Gamma$ ごとに M_σ の大きさを調べて総和をとれば P の大きさになるので,

$$\#P = \sum_{\sigma \in \Gamma} \#M_\sigma \tag{3.34}$$

が得られる.

さて, 式 (3.32) と式 (3.34) はどちらも同じ量 $\#P$ を表しているから,

$$\#\Gamma \sum_{f \in M(F,L)} \frac{1}{k_f} = \sum_{\sigma \in \Gamma} \#M_\sigma \tag{3.35}$$

が成り立つ. このように, 同一の量を異なる複数の方法で計算して新しい関係式を得る手法は **double counting** と呼ばれ, 数え上げ問題でよく使われる技法の一つである.

ここで, $M(F,L)$ は $C_1, C_2, \ldots, C_t$ に分割されているので,

$$\sum_{f \in M(F,L)} \frac{1}{k_f} = \sum_{i=1}^{t} \sum_{f \in C_i} \frac{1}{k_f}$$

である. さらに, $f \in C_i$ であるときには, f と f_i は Γ-同値なので, 両者の Γ-同値類は同じであり, したがって $k_f = k_{f_i} = \#C_i$ である. ゆえに, 上の式はさらに

$$(\text{上式}) = \sum_{i=1}^{t} \sum_{f \in C_i} \frac{1}{k_{f_i}} = \sum_{i=1}^{t} \#C_i \frac{1}{k_{f_i}} = \sum_{i=1}^{t} \frac{\#C_i}{\#C_i} = t$$

となる. この結果を式 (3.35) に代入して整理すれば,

$$t = \frac{1}{\#\Gamma} \sum_{\sigma \in \Gamma} \#M_\sigma \tag{3.36}$$

が得られる.

3.9.4 それで，結局 Γ-同値類の個数は？ (2)

式 (3.36) で初めて，既知の量 $\#\Gamma$ から直接求めたい未知量 t を見積もる式が得られた．これでめでたしめでたし……というにはまだ早い．今度は右辺に $\#M_\sigma$ という新しい量が現れたので，今度はそれを求めなければならないという新しい問題が発生しただけではないか．しかし，幸いなことに $\#M_\sigma$ の見積もりは k_f の見積もりよりもいくぶん明瞭である．

$f \in M_\sigma$，つまり $f^\sigma = f$ である場合を考える．面 $y \in F$ が面 $x \in F$ から置換 σ を何回か適用して得られるとする．つまり，ある $i \geq 0$ に対して $y = \sigma^i(x)$ である場合を考える．ここで σ^i は σ を i 個並べた合成置換を表していて，$i = 0$ のときには単位置換を表しているとする．このとき，$f^\sigma = f$ を繰り返し使えば,

$$f(y) = f(\sigma^i(x)) = f^\sigma(\sigma^{i-1}(x)) = f(\sigma^{i-1}(x)) = \cdots = f^\sigma(x) = f(x)$$

が得られる．このように，σ を何回か適用することでつながる面どうしは f によって同じラベルが書き込まれる様子が観察できる．このことから，σ について同一のサイクルに属する面はすべて f によって同じラベルが書き込まれることがいえる．

置換のサイクル分解についてあまり馴染みのない読者のために，このあたりをもう少し詳しく解説しておこう．具体例で見る方が意味がはっきりすると思うので，具体例を用いて説明する．$F = \{1, 2, \ldots, 10\}$ とする．以下紙面の節約のため，F 上の任意の置換 σ を 1 行表記によって

$$\sigma = [\sigma(1), \sigma(2), \ldots, \sigma(10)]$$

という形式で，像を 1 列に順番に並べて表現する[36]．例えば，$[1, 2, \ldots, 10]$ は単位置換であり，$[1, 2, 4, 3, 5, 6, 7, 8, 9, 10]$ は 3 と 4 を交換するだけの置換である．ここで，例として次の置換 σ を考える．

$$\sigma = [6, 5, 9, 1, 7, 8, 2, 4, 3, 10].$$

---

36) ここでは巡回置換との混同を避けるために，置換の 1 行記法の括弧記号としてあえて大括弧 [ ] を使用した.

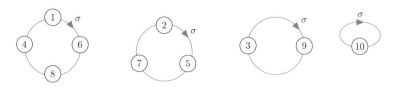

図 3.19 $\sigma = [6, 5, 9, 1, 7, 8, 2, 4, 3, 10]$ で F をサイクル分解したところ

最初に 1 から出発して繰り返し σ を適用すれば，次の系列が生じる．

$$1 \xrightarrow{\sigma} 6 \xrightarrow{\sigma} 8 \xrightarrow{\sigma} 4 \xrightarrow{\sigma} 1.$$

最後に 1 に戻ってきたが，これ以降は $1 \to 6 \to 8 \to 4 \to 1$ という同じパターンの繰り返しである．これで，$(1, 6, 8, 4)$ が一つの**サイクル**を形成することが観察できるだろう．2 はこのサイクルに含まれていないが，同じようにして 2 から出発して σ を繰り返し適用すれば，サイクル $(2, 5, 7)$ が分離されることがわかる．これと同様の議論を繰り返せば，σ は F 上に全部で次の四つのサイクルを生み出していることがわかる（図 3.19）．

$$(1, 6, 8, 4), \ (2, 5, 7), \ (3, 9), \ (10).$$

ここで，最後の 10 はそれ単独でサイクルをなしているが，これは $\sigma(10) = 10$ であることによる．この分解を σ による F の**サイクル分解**と呼んでおく（これは，集合論や線形代数学の教科書などで**巡回置換分解**として一般的に説明されていることである）．

　さて，話を元に戻そう．任意の置換 $\sigma \in \Gamma$ について，式 (3.33) の集合 M_σ の大きさを見積もるという話をしているのだった．上の例に倣って，σ を用いて F をいくつかのサイクルに分割する．サイクルが全部で l_σ 個現れるとして，それらを $S_1, S_2, \ldots, S_{l_\sigma}$ と書いておく．

　$f \in M_\sigma$ であるとき，つまり $f^\sigma = f$ であるときには，先に述べた通り，f は同一のサイクル S_i に属する面には必ず同一のラベルを書き込む[37]．逆に，写像 $f : F \to L$ が同一のサイクルに属する面には必ず同一のラベルを書き込

---

[37] ここで些細な注意点だが，「f は相異なるサイクルに属する面には異なるラベルを書き込む」とはいっていないことにも注意しておこう．

んでいるとすれば，$f^\sigma = f$ である（つまり $f \in M_\sigma$ である）ことも容易にわかる．実際，任意の面 $x \in F$ について $\sigma(x)$ は x と同一のサイクル上にあるので，仮定から $f^\sigma(x) = f(\sigma(x)) = f(x)$，よって $f^\sigma = f$ となるからである．以上から，次の補題が得られた．

補題 3.48 $f \in M_\sigma$ であるためには，σ が F をいくつかのサイクルに分割するとき，f は同一のサイクルに属している面にはすべて同一のラベルを書き込んでいることが必要十分である．

この補題は要するに，「M_σ に属する写像は，σ から生じるサイクルの集合 $\{S_1, S_2, \ldots, S_{l_\sigma}\}$ からラベル集合 L への写像であると見なすことができる」といっている．ゆえに，

$$\#M_\sigma = m^{l_\sigma}$$

であることがわかる．これを式 (3.36) に代入すれば，

$$t = \frac{1}{\#\Gamma} \sum_{\sigma \in \Gamma} m^{l_\sigma} \tag{3.37}$$

が得られる．さて，$m = \#L$ と $\#\Gamma$ は，与えられる入力から既知の情報である．また，各々の置換 $\sigma \in \Gamma$ に対して，それによって F 上に生じるサイクル

Algorithm 3.13 サイコロ数え上げ問題（問題 3.45）を解くアルゴリズム

Input: 有限集合 F, L および F 上の置換群 Γ.

Output: 写像集合 $M(F, L)$ 上に現れる Γ-同値類の総数 t.

1: **(1) 準備**
2: 各々の置換 $\sigma \in \Gamma$ について，それが F 上に生成するサイクルの個数 l_σ を求める．
3:
4: **(2) 計算と結果の出力**
5: すべての $\sigma \in \Gamma$ にわたる m^{l_σ} （ただし $m = \#L$）らの平均値 t を求めて，それを出力して停止する．

の個数 l_σ も上で説明した具体例の方法に従って実際にサイクル分割を求めれ
ばすぐにわかる情報である.

これでようやく,式 (3.37) から与えられた既知の情報から望みの量 t を得
ることができるようになった.最後に完成したアルゴリズムを **Algorithm**
3.13 に書いておこう.長い議論が必要であったが,最終的に得られたアルゴ
リズムは長い議論の果てに完成したとは思えないほど極めてシンプルである.

3.9.5 補 足

最後に簡単な補足を述べておこう.ここで取り扱った類の数え上げ問題に関
する理論は,ハンガリー出身の数学者ポリアにちなんで「ポリアの数え上げ理
論」と呼ばれている(ポリアよりも数年先にアメリカの数学者レッドフィール
ドが同様の理論を発見して公表したので,「レッドフィールド・ポリアの数え
上げ理論」とも呼ばれる).有機化学の中には有機化合物の構造異性体の総数
を数え上げるという話題があるが,ポリアはある種の炭化水素について構造異
性体の総数を数え上げるという問題に取り組む中で,この理論に到達したとい
われている.純粋に数学の問題に見えるけれども,(少なくともポリアにとっ
ては)その起源は有機化学にあったようだ.

レッドフィールド・ポリアの数え上げ理論は,抽象代数学の中の「群論」と
呼ばれる分野のうち,「群作用」という概念についての理論を用いて一般的
に記述することができる.本節での解説もその道筋に沿っているが,途中で
「群」という言葉を少し出したものの,群論の知識を仮定せずに記述したつも
りである(ただし,置換や同値関係などの集合論に関する基礎知識は仮定せざ
るを得なかったが).なお,議論の途中で式 (3.30) の集合 P の大きさを2通
りの方法で見積もることによって関係式 (3.36) を導いたが,この原理は群論
の中で「コーシー・フロベニウスの補題」と呼ばれる事実に一般化される.こ
のあたりの話題の基礎になっている数学的背景が気になった人は,[12], [16]
など抽象代数の良書がたくさんあるので,ぜひ参照してみてほしい.

ちなみに,ポリアは数学教育にも熱心で,『いかにして問題をとくか(*How
to Solve It*)』『数学の問題の発見的解き方(*Mathematical Discovery*)』などの
数学的問題解決に関する有名な書籍を複数著している.

3.10 例題演習の終わりに

本章では，いくつかの題材を通して「二つのA」というCTの思考スタイルを演習してきた．ここまで読まれた読者はすでにお気づきかと思われるが，どの問題でも抽象化の段階で数学の言葉を利用した記述や問題の再定義が行われ，それに基づいて数学的な解析による問題解決手法の構築が行われるというスタイルになっている．抽象化には，既存の道具が使えるように物事をうまく翻訳するという一つの側面があるが，ここでは問題を数学の言葉に翻訳して思考するという事例をいくつか見てきたわけである．

ここで翻訳先が数学である必然性はもちろんないが，数学がよく用いられるのにもそれなりの理由があることは確かであろう．例えば，数学には数々の問題を記述・表現するための便利な言葉や概念が豊富にあることは大きな理由の一つである．実際本章でも，単に数だけではなく集合，写像，置換，グラフなどの道具を利用した．また，数学の言葉を用いて問題を記述できれば，その問題を解決するために，これまで数学が培ってきた数々の理論の援護を受けられるということや，解決策の正当性を理論的観点で高い厳密性をもって検証しやすくなるということも理由の一つとして挙げられよう．

このように，数学はCTという思考スタイルに親和性が高く，有力な道具であることは間違いない．その一方で，注意すべき点があることも確かである．例えば，3.6節でも見たように，問題の数学的抽象化には時として大胆な単純化が必要になる．そうして問題を数学的に定義して解析できるようになったのはよいが，その結果構成された解決策が，たとえ数学的な枠組みの中では正当であるとしても，現実世界を適切に反映しているものかどうかはまた別の問題である．思い切った単純化のおかげで，構築された数理モデルやそこから導かれる（理論的には正当な）解決策が現実から大きく乖離しているということも十分ありうる．CTを適用するのはよいが，その結果が現実世界において妥当かどうかを検証することもまた必要であろう．

本書の主眼は書名の通り「数理思考」の演習であるから，本章の記述もその大部分が数学に偏っている．その自己反省の意味も込めて，次のことを指摘しておこうと思う．それは，CTや数学は有用ではあっても万能ではないという

こと，そして問題をある程度抽象化，単純化してモデルを作り，それをもとに何らかの解決策を探るという方法そのものは，CT や数理的問題の解決だけに限定される専売特許ではないということである．例えば，精神医学や心理療法の分野では人間の心や精神についてある程度単純化された作業モデルを提示し，それに基づいて具体的に認知療法などの治療法を開発するということが行われている[38]．人間の心はもちろん簡単なモデルで把握しきれるものではないし，この場合，そもそも数学的な議論だけで「この治療法は数理モデルで数学的に証明されたので正しいです」などと主張することはできないだろう．治療法の検証は数学的な演繹ではなく，多数の症例に適用して有効性を確認するなどの手段でなされるのが普通である．ここに数学が現れるとすれば，統計処理の場面ぐらいであろう．

最後に，数学の問題でも「計算」という営みでは解決できない問題があるということにも触れて，本章を閉じよう．例えば，文字列処理の文脈で現れる次のような問題を考える．この問題では，いくつかの文字（例えば A, B, C, ..., Z と空白文字）が与えられたとして，それらの文字を用いたワード（文字列）を扱う．ここで，「APPLE=POMME」「DOG=HUND」などというように，ワードの書き換え規則がいくつか提示されたとする．そして，二つのワードが提示されたとき，それらの書き換え規則を適切に駆使すれば一つのワードをもう一方に変換できるか？　ごく大雑把にいえば，これが**ワード問題**と呼ばれる種類の問題である．いかにもコンピュータが得意そうな文字列処理に見えるが，実は任意の入力に対応してこの問題を正しく解決できるアルゴリズムは存在しないことが証明されている[39]．これは計算コストなどの効率の問題というレベルの話でもなければ「難しいから」という難易度というレベルの話でもなく，そもそも「アルゴリズム」という仕組みでは原理的に解決できない問題だというレベルの話である．「数学の問題が計算では解けないことが数学的に証明されている」というのもちょっと頭が混乱しそうな話であるが，このよう

---

38) もちろん，それは精神疾患や心の不調という問題に対する解決策である．だからといって，ここでこれが「非数理的な問題に対する CT の事例である」などという拡大解釈を主張するつもりは全くない．

39) ただし，入力情報に対して一定の条件（制限）をかければ計算機で効率的に解けるということはいくらでもありうる．

な「不可能性の証明」を確立できたことも計算機科学の大きな成果の一つである．

章末練習問題

練習 3.49 3.1 節で述べた拡張互除法（**Algorithm 3.1** 参照）を，b の絶対値 $|b|$ に関する再帰を利用して記述せよ．もし可能であれば，その再帰アルゴリズムを Python などのプログラミング言語を使用して実装せよ．

練習 3.50 3.2 節で扱った問題を考える．マフィンとクッキー 1 個あたりの小麦粉と砂糖の量，1 個あたりの販売価格および文化祭当日に手に入る小麦粉と砂糖の量は問題 3.9 と同じであるとする．以下の (1)〜(3) の条件が追加された場合，**Algorithm 3.3** をそれぞれどのように変えればよいか検討せよ．

(1) 材料のうち，バターも文化祭当日にならないとどのくらい手に入るかわからなくなった．マフィン 1 個あたり 12 g，クッキー 1 個あたり 4 g のバターがそれぞれ必要である．文化祭当日に手に入ったバターの量を C g とするとき，売り上げの最大はどうなるか．

(2) マフィンとクッキーを作るには当然時間がかかる．マフィン 1 個あたり 300 秒，クッキー 1 個あたり 72 秒，それぞれ作るのに必要である．当日マフィンとクッキーを作るのにかけられる時間が T 秒であるとき，売り上げの最大はどうなるか．

(3) マフィンとクッキーの他にスコーンを作ることになった．スコーン 1 個作るのに，小麦粉が 18 g，砂糖が 5 g それぞれ必要である．スコーン 1 個の価格を 30 円に設定するとき，売り上げの最大はどうなるか．

練習 3.51 3.4 節で取り上げた「お釣り構成問題」を考える．$a_1 < a_2 < \cdots < a_n$ を貨幣体系とする．ここでは $a_1 = 1$ であることは仮定せず，代わりに $\gcd(a_1, a_2, \ldots, a_n) = 1$ であることを仮定する．自然数 t が貨幣体系 $a_1 < a_2 < \cdots < a_n$ で「表現可能」であるとは，$t = \sum_{i=1}^{n} x_i a_i$ （$x_1, \ldots, x_n$ は 0 以上の整数）と表されることをいう．

(1) $a_1 < a_2 < \cdots < a_n$ で表現可能ではない自然数は高々有限個であることを示せ[40]（第 1 章，例題 1.3 を参照）．

(2) $a_1 < a_2 < \cdots < a_n$ で表現可能ではない最大の自然数 $g(a_1, \ldots, a_n)$ （$a_1, \ldots, a_n$ のフロベニウス数）を求めるにはどうすればよいか考察せよ．

---

40) この事実には，$\gcd(a_1, a_2, \ldots, a_n) = 1$ であるという仮定が効いている．例えば $a_1, \ldots, a_n$ がすべて偶数であるという場合，どの奇数も表現可能ではなく，表現可能でない自然数は無限個ある．なお，$\gcd(a_1, a_2, \ldots, a_n) = 1$ であればどんな整数 t でも $t = \sum_{i=1}^{n} x_i a_i$ という形式で表現することができるが，$x_1, \ldots, x_n \geq 0$ である保証は一般にはない．

練習 3.52　$G = (V, E)$ を有限な有向グラフで有向閉路を持たないものとする．各々の辺 $e \in E$ に対してその重み $l(e)$ を指定する関数 l が与えられているとする．ただし，$l(e)$ は 0 以上の整数であるとする．このとき，任意の 2 点 $x, y \in V$ が指定されたとき，G 上で x から y へ至る経路のうちで重みが最も大きいものを求めるにはどうすればよいか考察せよ．ただし，経路 p の重みとは p 上のすべての辺 e にわたる重み $l(e)$ の総和である．

練習 3.53　n 個のタスク $1, 2, \ldots, n$ から成るプロジェクトがあり，各々のタスク i には それを完了するまでにかかる時間 c_i が指定されているものとする．また，3.3 節のように タスクの間には「あのタスクが完了してからこのタスクを開始できる」という処理順序に 関する依存関係があるものとする．ここでは，同時進行可能な複数のタスクは同時進行し てもよいものとする．各々のタスク $i (1 \le i \le n)$ に対して，プロジェクトが開始されてか らタスク i に着手可能となるまでにかかる最短時間を t_i で表す．

(1) 任意のタスク i について，t_i は i に先行する（i より先に完了すべき）すべてのタ スク j にわたる $t_j + c_j$ の最大値であることを示せ．
(2) すべてのタスク i について t_i を求めるにはどうすればよいか考察せよ．

練習 3.54　m 人の従業員をそれぞれ n 個の仕事に割り当てる問題を考える．あらかじめ， m 人の従業員には n 個の仕事のうちのどれを担当したいかを希望調査しておいた．このと き，m 人の従業員のそれぞれに n 個の仕事のうちの一つを割り当てたいが，なるべく多く の従業員に希望通りの仕事を担当させたい．なお，一つの仕事に割り当てられる従業員は 高々 1 名である．

(1) この問題を 2 部グラフを用いて抽象化して記述せよ（2 部グラフについては，巻末 付録 A の A.4 節を参照のこと）．
(2) 希望通りの仕事を担当するようになる従業員数が最大となる割り当てを求める方法 を，3.8 節で扱った最大フローを求めるアルゴリズムを応用して求めるにはどうす ればよいか考察せよ．

── 第4章 ──
情報の表現とテキストデータの処理

　これまでの章を通じて，比較的なじみのある問題から，かなり手ごわいものまで，いろいろな問題を計算機科学流に料理する事例を紹介してきた．本書では，具体的にプログラミングを行ったり，ましてやハードウェアを設計・製作するところまでは想定していないものの，あくまで関心の対象としてきたのは人間社会に根差した問題であった．そうすると，すでに用意されている「情報を処理」するという発想だけではなく，現実をどのように「情報化」するのかという観点も当然重要となるだろう．そして，後者は多分に人間臭いところがある．前章までをメインディッシュとすると，この章では数学的な内容からは少し離れ，食後のコーヒーのような感覚で，「情報化」に関係したいくつかのトピックを取り上げてみたい．

4.1　情報表現の任意性

　我々は，さまざまな問題を抽象化する過程で，ほとんど無意識的に，真か偽か，大きいか小さいか，等しいか等しくないか，存在するかしないか，といった状態を数式で表現したり，量や性質を抽象的な記号（変数）に置き換える作業を伴いながら，問題解決のプロセスを手順化している．そして，必要ならば，コンピュータ・プログラムにそれを処理させることも可能となるわけだ．

　ここで，情報を記号や数値（データ）に対応させるという行為は，極めて人

間的な営みであることに改めて注意を払っておきたい．ディジタルコンピュ
ータをはじめとする現代の情報機器では，二つの区別できる状態（電圧の高
い・低い，電流の大・小，電荷の有・無，磁化の向きの上・下，光の強・弱，
など）を単位として情報が扱われていることは誰でも知っている．その二つの
状態（ビット (bit)．以下では "0" と "1" と表すことにする）を使って，数値
の 1 を状態 "1" に，0 を "0" に対応させるのが自然な気はするが，もちろん，
その逆であっても全く構わない[1]．こうしたビットを複数組み合わせ，より桁
数の多い 2 進数が表現できるけれども，その際に，例えば，1 を 00···01 と
すべきか，あるいは 10···0 とすべきかなど，割り当て方法について合理的に
は判断がつきかねる[2]．また，数値ではなくて，状態としての「真」は数値の
1，「偽」は数値の 0 に対応させて考えるのが何となく自然な気はするが，そ
うすべき特段の根拠もない．例えば C 言語の論理式では，0 は「偽」を表す
が，それ以外の数値はすべて「真」と見なされる．

　もう少し込み入った情報の表現方法となると，いろいろな可能性が考えられ
るだろう．例えば現代の情報機器では，負の整数を 2 の補数という方法を使
って表現する場合がほとんどである．それは，次のような自明な関係に基づく．

　　　整数 x の符号を逆転させた数 $y = -x$ は，$x + y = 0$ を満たす．

　2 進数で，x の 0,1 のパターンを反転させた数を x に加えると，すべての桁
は 1 になる．それにさらに 1 を加えると，桁が次々と繰り上がって，最上位
の桁以外はすべて 0 になるだろう．繰り上がった最上位の桁が表現に用いて
いる桁（例えば 32 ビット）を超えていれば，これは実質的に 0 を表すことに
なる．例えば，こんな具合に

```
x   = 00110101110101011101110110111101
y   = 11001010001010100010001001000010
                                    +1
x+y = 00000000000000000000000000000000
```

---

1)　実際のディジタル回路の設計では，正論理（"1" が 1）と負論理（"1" が 0）のいずれ
　　も使われている．
2)　0 と 1 の並びのうちで，最も上位の桁のビットを MSB (most significant bit)，最下
　　位の桁を LSB (least significant bit) と呼んで区別する．

つまり，「xのビットを反転させ，さらに1を加えた数」（xの2の補数）を $y(=-x)$ とすれば，それを x に加えると結果を0にできる．こうして負の数を表現するようにしておけば，引き算 $a-b$ は負数との足し算 $a+(-b)$ として実現できる（減算を実装する必要がなくなる）ため，コンピュータの設計上も利点が多く，広く採用されている．

その一方で，数をその絶対値と正負符号に分けて表現し，符号を表すビット（符号ビット）を設ける流儀も自然に思える．事実，実数値を浮動小数と呼ばれる方式で近似的に表す際の標準的な規格 (IEEE 754) では，実数を基数と指数，そして符号を表すビットに分けて表現しており，こちらもほとんどすべてのコンピュータで採用されている．つまり，負の数を表現するための異なる考え方が，歴史やさまざまな都合を反映して，同じ情報機器の中に同居していることになる．

このように，現実の問題をディジタルデータとして表現できる形式にマッピングするやり方は，たとえそれが数値という一見数学的な対象であっても，「決め事」の範疇に属する事項であって，さらに重要なのは，そうした決め事が正しく共有されることである．さもないと，「真」が「偽」と解釈されたり，0が−1になったりしてしまう．

練習 4.1　アメリカ航空宇宙局によって打ち上げられ，太陽系外に向かって飛行を続けているボイジャー宇宙船には，地球外の生命体がそれを発見した場合を想定して，Golden Record と名付けられた円盤が搭載され，その上に人類からのメッセージが記録されている．共通の決め事や文化的背景の共有が全く期待できない「宇宙人」に対して，そのメッセージには情報表現の観点からどのような工夫がなされているか．

4.2　文字情報の表現

我々が日常扱う情報の多くは，文字や文章などの，いわゆるテキスト情報である．情報の量としては，映像や音などの方が圧倒的に多いであろうにもかかわらず，言葉や文章によるコミュニケーションが人類にとって欠かせない状況はこの先も続くに違いない．

タイトルのない映像作品や音楽作品はないし（内容を特定のテキストと結

びつけたくない向きには，あえて「無題」というタイトルがつけられたりもする），映画のエンドロールは夥しい文字情報で埋め尽くされているのが通例である．また，マンガには吹き出しや「描き文字」は欠かせないし，ネット上に投稿された動画には，たくさんのコメント（ツッコミ）がスーパーインポーズされて表示されたりもする．書物全体を画像化することによって，ある意味で，より正確にテキスト情報を記録・交換できるようにも思えるが，その画像が何を表すのかを表す（映画の表題やサブタイトルのような）テキストが伴われていなければ，事実上，それが何を表しているのか判別し難いに違いない．

　テキスト情報は，ほぼ例外なく，1次元的な文字の連なり (string) と見なすことができるから，ディジタル情報として扱う際には，それぞれの文字の表現をまず決めておかねばならない．一旦，文字の表現が与えられれば，その1次元的な配列によって，自然に文や文章を表すことができるだろう．

　文字の情報表現として，最も自然に思われるのは，テキストに現れる文字をすべて列挙し，それに通し番号（数値）をつけて，番号と文字を対応づける方法である．ある数値を受け取ったら，それが対応する文字であると見なすというやり方で，文字の伝達が可能となる．この通し番号は，**文字コード** (character code)，**符号位置** (code point) 等と呼ばれている．もちろん付番の仕方には（無限の）任意性があるが，歴史的に，いくつもの方式が提案され，拡張などを経ながら，そのうちのいくつかが現在まで生き残っている．

　そんな中で，アルファベットの大文字の "A" には65という数値を，"B" には66を，といった具合に，欧文タイプライターに刻印されている文字や記号を7ビット（128通り）の範囲で表すことができるよう割り当てた規格である ASCII（アスキー：American standard code for information interchange）コードが，事実上の標準として広く普及している[3]．

　ここで，欧米語に限っても，文字を列挙すること自体がなかなか難しい作業であることは，すぐに想像できるだろう．ラテン文字だけでもさまざまな文字種が使われているし，例えば，見かけは全く同じであっても，英語の "A" とキリル語の "A" を「同じ文字」と考えるべきかについては，いろいろな立場

---

3)　EBSDIC などの別方式のコードも，システムによっては依然として使われている．

がありうるだろう．また，ウムラウト記号やアクセント記号を伴った文字な
ど，バリエーションも多様である．ほとんどすべての情報・通信機器は，バイ
ト（8ビット）を単位としてデータを扱うように設計されており，欧米で使わ
れている表音文字に限ったとしも，文字集合全体を1バイト（256通り）で表
現するのは無理である．ましてや，日本語を含む多くの言語で扱われる文字ま
で扱おうとすると，さらに多くの桁数が必要になるのは明らかである．こうし
た文字を表現するには複数のバイトを用いることから，ASCII文字等と区別
し，**多バイト文字** (multibyte character) と呼ばれる．

　このような多バイト文字にも対応した文字表現の方式として，近年の情報
通信機器の多くで採用されているのが**ユニコード** (Unicode) である．これは，
もともとシリコンバレーのIT産業が世界的な展開を図る上で，文字の取り扱
いの国際化（internationalization; i18nと略される場合がある）のための仕組
みとして考案したもので，当初は，世界中の文字を16ビット（最大65536通
り）のコードに集約しようとする内容であった．それを実現するために，例
えば，日本や中国，韓国等で使われている「似た」文字は統合 (unification)
し，同じコードを付番するという，やや強引な手法が用いられた．これは，当
然，難しくて骨の折れる作業である．例えば，この"骨"という字だけでも，
日本，中国，台湾，韓国，ベトナムでは，国ごとに使われている字体に違い
があり，どれとどれを統合すべきか，合理的な判断は下し難い．結局，"骨"
は9AA8（16進数）という共通の番号に統合されたが，その結果，表示に用
いるOS (operating system) やソフトウェアによって，同じ"骨"のコードに
対して表示される内容に違いが生じる状況となった．その後，16ビットのコ
ード領域はあまりに窮屈で現実的でないことが明らかになったため，現在の
Unicodeでは，基本となる16ビットの領域 (basic multilingual plane; BMP)
に加え，さらに16ビットの区画にして16個分のコード領域が拡張されてい
る (supplementary multilingual plane; SMP)．これは全体としておよそ21
ビット分の領域に相当し，100万文字以上が収容できるようになった[4]．

　現在でも，各国で用いられている文字や過去に使われていた文字などが，国

---

4)　文字コードの国際標準であるISO/IEC 10646が，Unicodeを追認する形で制定され
　ている．

際的な場で調整され，Unicode の付番表は更新され続けており [8]，その最新
の版をインターネット上で閲覧することができる．慣例的に，Unicode のコー
ドポイントは Unicode を表す U から始まる 16 進数で表現することが多い．
例えば，"A" は U+0041 であり ASCII コードの自然な拡張になっている（16
進数の 41 は 10 進数の 65）．"骨" は BMP 領域に位置し，そのコードポイン
トは U+9AA8 であり，麻雀パイの "東" は SMP 領域に割り当てられており
U+1F000 である．

　文字の中には，複数の部品の組み合わせによって構成されているものも多
い．例えば「で」はそれ自体が独立した文字と見ることもできるが，「て」に
濁点「゛」が付加されたものと解釈することも可能である．実際に Unicode
では，「で」に U+3067 が割り当てられている一方で，「て」を表す U+3067
と，文字に連続した「゛」を表す U+3099 との組によって「で」を表現する
方法も許されている．さらにややこしいことには，「゛」そのものを表すコー
ド (U+309B) も別に割り当てられている．ハングルは，比較的少数の字母と
呼ばれる部品を組み合わせて，多数の表音文字を構成する非常にユニークな文
字体系を持っているが，Unicode では字母（部品）を表すコードに加え，そ
れらを合成した文字についても個別のコードが付番されている．いずれの方式
で表現された場合でも，情報機器は正しくその文字を表す図形として表示する
ように設計されているので，こうした違いを意識する機会は少ないが，同じ内
容のテキスト情報が異なるデータとして表現されてしまう可能性がある点には
注意が必要である．

　以上のようにして決められた文字コードそれぞれに対応する文字の図形（画
像情報）が情報機器には記憶されており，必要に応じてディスプレイ装置や
プリンタに表示・印字される．こうした機器では，同じ文字コードに対して
異なる書体の文字を選べるようになっている場合が多い．こうした書体をフ
ォント (font)，フォントを構成するそれぞれの字形をグリフ (glyph) と呼ぶ．
フォントは，日本語の文字の「ハネ」や「トメ」に相当する飾り（セリフ；
serif）の要素を伴ったもの（例えば明朝体）と，セリフを持たないもの（サン
セリフ；sans-serif，例えばゴチック体）に大別できる．また，文字の幅によ
って，等幅のフォントと，文字ごとにその幅が異なるプロポーショナルフォン

ト (proportional font) にも分類できる．日本語で用いる字体（漢字や仮名文字）の多くは等幅で，しかも縦横の比率が 1 対 1 の「全角」であるが，一方，等幅で縦横の比率が 2:1 の文字は「半角」と呼ばれ，主に ASCII コードに相当する文字（シングルバイト文字）に対応づけられている．

　最後に，文字を表現しない文字コードについても，ここで補足しておきたい．コンピュータのキーボードを眺めると return, enter, delete, bs 等，それを押しても文字が現れないキーがいくつもある．かつての情報通信では，タイプライターに通信機能を付加した装置（テレタイプ端末）が使われていて，改行操作やタイプヘッドの移動などの際に，そのための特別なコードを送出・受信するような仕組みになっていた．例えば，「改行」を表すコードを受信した端末は（文字は印字せず）紙を 1 行分だけ繰り上げる動作をしていたのだ．現在使われている文字コードにも，こうした端末の制御用のコード (control code) が継承されている．例えば，ASCII コードや Unicode で，「改行 (line feed; LF)」を表すコードは（10 進数の）10，「タイプヘッドを先頭に戻す (carriage return; CR)」は 13，と定義されている[5]．

練習 4.2　すでにその文明が途絶え，使われなくなった文字（例えば，古代エジプトのヒエログリフ等）に対しても，Unicode ではコードポイントが与えられている例がある．一方，SF に登場する架空の宇宙人の文字（クリンゴン文字）を Unicode に加えようという提案がなされたこともあったが，さすがに，これは否定されたようだ．人類共通の文字コードを付番するのが妥当な領界を，どのような考え方のもとに設定するのがよいと考えられるか．

練習 4.3　形が同じ文字であっても，文化的・歴史的な背景が異なるものはコードポイントを別にした場合，それを情報通信で用いると，どのような利点，あるいは不都合が予想されるであろうか．Unicode では，ラテン文字の "A" には U+0041（10 進で 65）が割り当てられている一方で，文字のデザインが区別し難いギリシャ文字の "A" には U+0391，キリル文字の "A" には U+0410，日中韓国語の中で用いられる全角文字としての "A" には U+FF21 というコードポイントが，それぞれ設けられている．また，朝鮮語では，「李」をスモモの意味で用いる場合と，人の名前として用いる場合とでは読み方も異なるため，字体は全く同一であるにもかかわらず，Unicode 上にはそれぞれ異なるコードポイントが割り当てられているという例もある．

---

5)　Windows 系の OS では，改行動作を CR, LF の二つのコードのペアで表現するが，Unix 系の OS では LF のみが用いられている．

練習 4.4　ASCII 文字コードの表を調べ，制御文字を含むコードのレイアウトを把握せよ．ASCII コードで，アルファベットの大文字を小文字に，あるいはその逆の変換を行うことは，コード（数値）の上ではどのような操作に対応するか．

4.3　文字コードの符号化

　世界中のあらゆる文字を収集・分類し，付番することにより，ディジタル情報としての文字を扱うための基盤が整えられつつある．以上では主に Unicode に言及したが，例えば，日本語の文字コード体系として JIS X 0213 と呼ばれる規格も普及しており，電子メールの交換などには，Unicode ではなく JIS 規格によるコードを用いるケースもある．異なるコード体系の文字は，当然，そのままでは正しくやりとりすることができないので，ミスマッチが生じると，いわゆる「文字化け」という症状となって現れる．

　しかしながら，文字への付番ルールさえ定めれば，すぐに情報のやりとりが可能となるわけではない．というのは，1 バイトを単位とするデータの列に，多バイトの文字コードをどのように埋め込むかについてもまた任意性があって，そのルール（符号化方法）を決めておかなければならないからだ．

　Unicode の場合は，もともと 16 ビット（2 バイト）のコードとして出発したため，上述の BMP 領域については 2 バイトで 1 文字を表す符号化方式が，多くの情報機器で使われている．ただし，SMP 領域の文字にも対応するため，その詳細は省略するが，1 文字を 4 バイトに拡張することもできるような方式（UTF-16 方式）が採用されている．

　16 ビットのコードをバイトの列として表現する際には，その配置にも注意を払わなければならない．というのは，最初のバイトを 16 ビットの上位桁と見なすか，あるいは下位桁と見なすかについて，任意性が生じてしまうからである．多バイトデータの上位桁を先に送出（あるいは保存）する方式は**ビッグエンディアン** (big endian)，その逆は**リトルエンディアン** (little endian) と呼ばれ[6]，機器によって方式が異なる場合がある．そのため，データを交換する

---

6)　この呼称は，スイフトの『ガリバー旅行記』に登場する小人の行動様式に由来するといわれている．

際には，あらかじめ「エンディアン」を揃えておく必要も生じる．

　符号化方法には UTF-16 方式以外にもいくつかのバリエーションがあるが，中でも，テキストファイルの保存には UTF-8 (Unicode transformation format-8) と呼ばれる方式がよく使われている．ここではその符号化方法についてもう少し立ち入って眺めてみよう．Unicode の文字集合全体を表すには，少なくとも 21 ビットの桁数が必要であるが，その中で，アルファベットや数字（ASCII コードに対応）は 7 ビットあれば表現できる．また，多バイト文字のうち使用頻度の高いもの (BMP) は 16 ビットで表現できる．そこで，コードポイントの実効的なビット数に応じて，符号化に用いるバイト数を可変にしようというのが，UTF-8 の発想である．すると，バイト列の中に文字コードの情報がどのように「埋め込まれて」いるかを示す情報が追加で必要になるため，UTF-8 では各バイトの先頭の数ビット分をその用途に充てている．

　各バイトの最上位ビットが 0 の場合は，コードはその 1 バイトで完結していることを示す．最上位ビットが 110 の並びの場合は，そのバイトを含め，全体が 2 バイトで構成されることを，1110 は 3 バイト，11110 は 4 バイト，をそれぞれ表す．また，最上位が 10 は，それが後続のバイトの一部分であることを示す．このように，データの正味の内容とその内容についての付帯情報とを組み合わせて取り扱うのは，情報処理の常套手段といえる．

　このルールに基づくと，Unicode のコードポイントは，以下のようにして符号化できる[7]．

- 7 ビットで表現できる文字は，そのビットパターンを $b_7 \cdots b_2 b_1$ で表すことにすると，最上位ビットを 0 にセットしたバイトコード $0 b_7 \cdots b_2 b_1$ で表現する．以下同様に，
- 16 ビットのコード：$1110 b_{16} \cdots b_{14} b_{13}, 10 b_{12} \cdots b_8 b_7, 10 b_6 \cdots b_2 b_1$.
- 21 ビットのコード：$11110 b_{21} b_{20} b_{19}, 10 b_{18} \cdots b_{13} b_{12}, 10 b_{12} \cdots b_8 b_7, 10 b_6 \cdots b_2 b_1$.

　逆に，このようにして符号化（エンコード）された UTF-8 のバイトの列か

---

7)　ここでは簡単のため，コードの範囲が 7, 16, 21 ビットの場合のみに限定して説明する．

ら，もともとの文字コード（コードポイント）を取り出すには，**Algorithm 4.1** に従って計算すればよい．アルゴリズム中で，記号 $\wedge$ は数値の各ビットごとの論理積 (AND)，添字 $_{(16)}$ はその数値が 16 進数表記されていることを，それぞれ表す．ここで，ある自然数 x に 2 の累乗を乗ずる $(x \times 2^n)$ 計算は，x を 2 進数表現した際に，各桁を左に n ビット分だけシフトすることと等価であることに注意．

Algorithm 4.1 UTF-8 からコードポイントを抽出する

Input: UTF-8 のバイト列．

Output: 文字コードの列．

1: **for** 以下を繰り返す **do**
2:    $c_0 \leftarrow$ 次のバイト
3:    **if** c_0 が空 **then**
4:       終了．
5:    **else if** c_0 の最上位ビットが 0 **then**
6:       c_0 を出力．
7:    **else if** c_0 の最上位ビットが 1110 **then**
8:       $c_1 \leftarrow$ 次のバイト, $c_2 \leftarrow$ 次のバイト
9:       $(c_0 \wedge \text{0F}_{(16)}) \times 2^{12} + (c_1 \wedge \text{3F}_{(16)}) \times 2^6 + (c_2 \wedge \text{3F}_{(16)})$ を出力．
10:   **else if** c_0 の最上位ビットが 11110 **then**
11:      $c_1 \leftarrow$ 次のバイト, $c_2 \leftarrow$ 次のバイト, $c_3 \leftarrow$ 次のバイト
12:      $(c_0 \wedge \text{07}_{(16)}) \times 2^{18} + (c_1 \wedge \text{3F}_{(16)}) \times 2^{12} + (c_2 \wedge \text{3F}_{(16)}) \times 2^6 + (c_3 \wedge \text{3F}_{(16)})$ を出力．
13:   **end if**
14: **end for**

練習 4.5 **Algorithm 4.1** に基づいて，UTF-8 でエンコードされたテキストファイルを読み込み，文字コードを出力するプログラムを実際に作成してみよ．

練習 4.6 Unicode で自分の名前を表す字のコードポイント，および，その UTF-8 バイト列を，インターネット上のサービス等を活用して探してみよ．スタンリー・キューブリ

ックの映画 *2001: A Space Odyssey* に登場する人工知能を持ったコンピュータは "HAL" と名付けられているが，これは "IBM" のそれぞれの ASCII コードに 1 を加えて得られる文字列である．自分の名前に同様の操作を行い，文字コードを一つずらすと，どのような新しい名前になるか．

4.4 DNA のテキスト情報の「解読」

　テキスト情報として，文字通り，我々の最も身近に存在するのは DNA の遺伝情報かもしれない．4 種類の塩基（ここでは A,T,C,G で表す）が二重らせんの鎖状に配列しており，その並びがタンパク質を合成する際のアミノ酸配列に対応することは，現代人にとって常識といってもよいだろう．現在では，短い RNA の合成や各種の調整など，タンパク質の合成には直接関係しない重要な機能も明らかにされつつある．いずれにしても，DNA が生命の設計図にあたる重要なテキスト情報であることは間違いない．

　1953 年にワトソンとクリックがこの DNA の二重らせん構造を発見した当時から，これが生命の維持に必要な 20 種類のアミノ酸の配列をコーディングしているものと予想はされていたが，塩基配列とアミノ酸配列との対応については不明のままであった．もし 4 種類の塩基の配列で 20 種類のアミノ酸を記述しているとすると，塩基が「2 文字」分では $4 \times 4 = 16$ 通りの表現しか得られないので，それぞれのアミノ酸を表現するためには，少なくとも塩基「3 文字分」（64 通りの「単語」）が必要であろうという予想がすぐに立てられた．しかし，64 通りの可能な表現のうちの 20 しか使われていないとすると，生命はなぜそのような非効率な方式を採用しているのだろうか．そこで，二重らせんの発見者ら自身は次のように考えた．A,T,G,C の塩基が 1 次元的に配列している状況で，タンパク質をコードしている箇所の始まりと終わりが明確に区別されていなければならない．我々がこうして書いている文章では，読点や句点を使って区切りを示しているけれども，DNA では区切り記号なし (comma-free) にそれを行っているのではないだろうか，と．

　もしこの考えが正しければ，3 文字を表現の単位と考えると，まず，AAA, TTT, GGG, CCC は，アミノ酸のコードの候補から外れる．なぜなら，

AAA があるアミノ酸を表しているとすると，例えば "AAAAAA" は AAA で表現されるアミノ酸二つ，と解釈できるが，その読み出し方をずらすと，"(xAA)(AAA)(Ayz)" のように（ここでは括弧で区切り方を示した），前後を別のアミノ酸に挟まれた，AAA で表現されるアミノ酸一つ，という別の解釈も可能となってしまうからである．すると，64 通りのうちの 4 通りを引いた 60 通りが候補に残るが，そのうちのちょうど 1/3 をアミノ酸に対応させ，残りはアミノ酸を表現しないもの（ジャンク）と見なすことによって，曖昧さなく，区切り記号なしでちょうど 20 通りのアミノ酸配列を記述する表現方法を構成することができる (comma-free code)．

このような組合せ論的な議論は，一見信ぴょう性が高いように思われたが，このアイデアはじきに否定された．その後の研究で，確かに 3 塩基（トリプレット）で一つのアミノ酸がコードされてはいるものの，割り当て方には冗長性があり（異なるトリプレットが同じアミノ酸を表すような組み合わせが存在する），さらに開始と終了を表すような塩基配列も決まっている（comma-free ではない）ことがわかっている．大まかにいって，トリプレットの最初の文字はそのアミノ酸が体内で合成可能かどうか，2 番目の文字は親水性か疎水性かに対応しており，さらに 3 番目のコードと合わせて 20 種のうちの一つが指定される．

練習 4.7　4 塩基による comma-free な 20 の必須アミノ酸の（架空の）コード表を具体的に構成してみよ．

練習 4.8　近年のバイオテクノロジーの進歩は目覚ましく，目的とする塩基配列の DNA 鎖を合成し，そこに情報を保存できる段階にまで達してきた．そうした技術を用いて，例えば，シェークスピアのソネットを書き込んだ DNA が作成されている[8]．文献を手がかりに，アルファベットの文字列がどのようなルールで塩基配列に変換され DNA に書き込まれたかを調べてみよ．

---

8)　Goldman, N. *et al.*: Towards practical, high-capacity, low-maintenance information storage in synthesized DNA, *Nature*, **494**, pp.77-80 (2013).

4.5 文字列の検索

　文字コードの配列としてテキスト情報が表現されると，それを用いて，さまざまな処理が可能となる．ここでは，そうしたテキスト情報の処理の代表的な例として，実用上も重要な，テキスト中から特定の文字列（単語）を検索する方法について考えてみよう．

　対象とするテキストは，長さが n で，その i 番目の文字の文字コードが $c[i]$ であったとしよう $(i = 1, 2, \cdots, n)$. その中に，長さ $m (\leq n)$ の文字列 $s[1]s[2] \cdots s[m]$ が含まれているかどうか，もし含まれていた場合，それが最初に現れた位置を調べたい．

　もし人手でこれを行うとしたら，おそらく，ほとんどの者が以下の手順をとるであろう．

(1) $i \leftarrow 1$ とする．

(2) $j \leftarrow 1$ とする．

(3) $c[i+j-1]$ と $s[j]$ を，j を 1 ずつ増やしながら $j \leq m$ の範囲で順に比較する．

(4) もし不一致箇所が見つかったら $i \leftarrow i+1$ として (2) から繰り返す．ただし，このとき $i > n - m$ なら，一致箇所なし．

(5) m 文字すべてが一致したら，i が一致箇所．

　テキストの先頭から順に 1 文字ずつずらしながら調べるこの愚直な方法は，確実ではあるけれども，無駄も多い．この種の文字列検索の「定番」アルゴリズムとしてボイヤー・ムーア法 (Boyer-Moore algorithm) が知られている．

　上記の方法で無駄が生じる可能性があるのは，(4) のステップで，部分文字列の照合が失敗した際に，1 文字分だけ次にずらして再び比較を繰り返している（1 文字の「歩幅」で進んでいる）箇所だろう．もし一致しないことをあらかじめ判定することができれば，「歩幅」を大きくすることで，探索の手間を大きく減らすことができるはずだ．

　そこで，ボイヤーとムーアは，歩幅を稼ぐために二つのルールから構成されるアルゴリズムを提案したが，ルールのうち一方はかなり込み入っているた

め，ここではもう片方のルールだけを使い簡略化した方法を紹介することにする（**Algorithm 4.2**）.

Algorithm 4.2　簡略版ボイヤー・ムーア法

Input: 検索対象の文字列 $c[1], c[2], \cdots, c[n]$.

Input: 検索語の文字列 $s[1], s[2], \cdots, s[m]$.

Output: 一致した位置.

1: i を 1 とおく.

2: **while** $i \leq n - m + 1$ の間，次の処理を繰り返す. **do**

3:　　**for** $j = 1$ から始めて j を 1 ずつ増やしながら $j \leq m$ の間，以下を繰り返す. **do**

4:　　　　**if** 文字 $c[i + m - j]$ と $s[m - j + 1]$ を比較し，一致しなければ **then**

5:　　　　　　**if** 文字 $c[i + m - j]$ が検索語の部分 $\{s[k]; k \leq m - j\}$ に含まれていれば **then**

6:　　　　　　　　文字 $c[i + m - j]$ に一致する文字 $s[k]$ の添字 k のうち最大のものを ℓ とする.

7:　　　　　　**else**

8:　　　　　　　　ℓ を 0 とおく.

9:　　　　　　**end if**

10:　　　　　　$i + m - j + 1 - \ell$ を改めて i と置き直して，2: に戻る.

11:　　　　**end if**

12:　　**end for**

13:　　i を出力し，停止する.

14: **end while**

15: 「不一致」を出力し，停止する.

　このアルゴリズムは，文字列を後ろから調べ，もし文字が不一致の箇所が見つかったならば，最低でもどれくらい参照点をずらすことができるかを，検索語の中の一致する文字までの「距離」から判定している.

　ここでは，検索対象のテキストを "PINEAPPLEJUICE"，検索語を "AP-
PLE" として，アルゴリズムの動作を考えてみよう．検索語を上に，テキスト
を下に並べると，初期状態では

```
A P P L E
P I N E A P P L E J U I C E
```

であり，検索語の E と，テキストの A から始めて，前方向に順に文字を比較
する．この場合は，最初の A と E がすでに一致しないので，検索位置を変え
なければならない．

　このとき，テキストの A は検索語に含まれることに注目する．もし文字列
が一致する可能性があるとすれば，検索語の A の位置が参照点の A の位置と
重なるような配置になっているはずである．そこで，E と A の位置までの距
離に相当する 4 だけ参照点をずらして

```
→→→→A P P L E
P I N E A P P L E J U I C E
```

とする．再び末尾から E,L,P,P,A の順に比較すると，今度はすべての文字が
一致するので，先頭からの位置 5 を出力して停止する．

　一見すると，計算が煩雑になって効率化されたようには感じられないかもし
れないが，検索語の中でそれぞれの文字がどの位置にあるかをあらかじめ調べ
て表にしておくことで手間を減らすことができる．もし参照位置の文字が検索
語に含まれていなければ，検索位置を大きく（最大で検索語の長さ分だけ）ス
ライドさせることができる．

練習 4.9　**Algorithm 4.2** を手がかりに，文字列の検索プログラムをコーディングし，
動作を確認せよ．

4.6　パターンマッチと正規表現

　朝食を食べない日はあっても，「検索」をしない日はないくらいに，今や情
報検索は日常的な営みになっている．何を検索するかは各人各様であろうし，

その際にどのようなキーワードが思いつく（つける）かは背景的な知識の量
や教養に大きく依存する．ただ，内容は何であれ，検索の対象が特定の語では
なく，文字パターンの集合であるような場合も多い．例えば，我が国の有り様
を表現する常套句の一つとして「一億総（何々）社会」が使われることがある
が，この種のパターンの用法や用例を網羅的に調べたい，といった場合などが
そうである．

　インターネット上の検索サイトでは，こうした曖昧な検索のためのオプショ
ンが用意されているのが通例であるし，また，我々が日常使用しているワード
プロセッサ等のソフトウェアにも文書内検索の機能が備わっているが，「高度
な検索」や「ワイルドカード検索」といった名称で，こうしたニーズに対応で
きるようになっているものもある．そうした「高度な」機能は，ほとんどの場
合，以下で説明する正規表現に基づいて（あるいはそれを参考にして）設計さ
れている．

　ここで，テキストを，その意味は考えず，単なる文字（記号）列のパターン
と見なしてみよう．ノーム・チョムスキーは，そうしたパターンがどのような
数学的なルール（形式文法）のもとで生成可能かを考察し，正規言語，文脈自
由言語，文脈依存言語，そして制限のない文法（言語）と呼ばれる階層が存在
することを示した [10]．

　チョムスキーの階層のうち最も「記述力の低い」正規言語の表現方法が**正規
表現** (regular expression) で，それは，連接，選択，繰り返し，の三つの基本
的な要素から構成される．

　まず，簡単な記述例から始めてみよう．2つの文字列，"Alaska"と"Ari-
zona"を考えると，どちらも"A"で始まり，"lask"または"rizon"が次に現
れ，最後は"a"で終わっている．正規表現の「連接」と「選択」を使うと，こ
れは

```
A(lask|izon)a
```

と表すことができる．あるいは，上の正規表現は「"Alaska"と"Arizona"に
マッチする」といってもよい．この正規表現では，A と (lask|izon) と a が
「連接」されており，その中の (lask|izon) は，lask と izon のうちから

一つを「選択」した文字列を表す．ここで，縦棒|は選択肢の区切りを，丸括弧は通常の数式のようにパターンのグループ化を表す．このルールに従えば，Alaska|Arizona も同じ文字列を表すことからもわかるように，あるパターンを表現する正規表現は一般に複数通り存在する．

正規表現の三つ目の要素は「繰り返し」である．例えば，"gd"，"god"，"good"，"goood" のように，「g で始まり d で終わり，途中に "o" が任意の回数繰り返されるすべてのパターン」の正規表現は

go*d

となる．ここでアスタリスク*は，直前のパターンの，0 回を含めた任意の回数の「繰り返し」を表す．文字列やパターン全体の繰り返しを表現するには丸括弧を併用すればよい．例えば，g(ood)*は，"g"，"good"，"goodood"，等々にマッチする．

なお，選択や繰り返しを表現するための特別な記号（メタ文字）とその文字自体とを区別するために，* と *のように，その一方にはバックスラッシュを前置する（「バックスラッシュでクォート (quote) する」）ルールを採用しているソフトウェアが多い[9]．この表記を使うと，アスタリスク*の 0 回以上の繰り返しは

**

と書くことができる．

以上の三つの要素を組み合わせれば，あらゆる文字のパターンが表現できそうにも思われるが，例えば "level"，"radar" などのような「回文にマッチする文字列」や，"(1+(2+3)/4)*5" のような「括弧のバランスのとれた数式」を一般的に表現することは，（標準的な）正規表現の能力を超えることがわかっている[10]．

正規表現を使ったパターンの検索や抽出，置換機能は，Unix に標準的に搭

---

9) 比較的新しく開発されたソフトウェア（Posix に準拠したもの等）では，バックスラッシュをつけた場合，「文字そのもの」と解釈するケースが多い．
10) Perl 言語等に実装されている正規表現は，機能が拡張されており，回文かどうかを判定できる場合がある．

表 4.1　正規表現の記法の例

記法	説明	記述例	マッチするパターン（例）
|	選択	stop|go	"stop" または "go"
*	0 回以上の繰り返し	go*	"g", "go", "goo" 等
( )	グループ化	(a|b)*	"", "a", "b", "ab", "ba", "aba" 等
.	任意の 1 文字	g.*	"g", "ga", "gxxd", "g1234" 等
[ ]	文字クラスの指定. ハイフン-で範囲を指定.	[A-Z]	文字コードが A〜Z の範囲の 1 文字
[^]	文字クラスの否定	[^0-9]	0〜9 の文字以外の 1 文字
+	1 回以上の繰り返し	g.+d	"gad", "gxxd", "g123d"等
{n,m}	n 回以上 m 回以下の繰り返し. n 回の繰り返しは {n}と表記.	go{1,2}d	"god", "good"

載されているコマンドやスクリプト言語（egrep, sed, vi, awk, Python, Perl 等）に実装されている他，前述のように，テキストエディタやワードプロセッサ等のアプリケーション・ソフトウェアに組み込まれている場合も多い．

　ほとんどのソフトウェアでは，簡便・簡潔な記述を可能とするために，上記の基本的な記法に加え，いくつかの拡張が加えられている．基本的なものを含め，そのいくつかを表 4.1 にまとめた．

練習 4.10　普段使っている検索サイトの機能を確認し，「若者の（何々）離れ」「一億総（何々）社会」「（何々）亡国論」などの（何々）の箇所にどのような語句が実際に使われているか（きたか）調べてみよ．

練習 4.11　日本語や英語の「文」を表す正規表現を構成せよ．ここで文とは，空白や句点以外の文字で始まり，句点で終了する文字列のパターンであると単純化して考えよ．

練習 4.12　電子メールのアドレスを表す正規表現を書け．

練習 4.13　"0" と "1" の並びから構成される文字列のうち，"1" が偶数回現れるようなパターン（例えば "011", "010111" 等）の正規表現を書いてみよ．

練習 4.14　DNA の塩基配列が "A", "T", "G", "C" の文字列で表現されているとして，配列中でタンパク質をコードする部分 (open reading frame; ORF) の正規表現を記述せよ．ここで，ORF は，"ATG"（開始コドン）から始まり，"TAA", "TAG", "TGA"

（終止コドン）のいずれかで終わる領域と考えよ．表 4.3 の記法も参照のこと．

4.7　「離れた」視点からテキストを解釈する

　我々が日常的に行っている言語活動やコミュニケーションの各所で情報・通信機器は重要な役割を演じており，コミュニケーションの道具，あるいはそれを媒介するメディアとして，今やそれらを欠いた生活は想像し難いくらいである．中でも，キーワードによる検索は簡便に行えるが，その反対に，まとまったテキストの中から適切なキーワードを選び出すところまでは，機械による自動化は普及していない．ましてや，機械による自動翻訳の結果に失望した経験のある読者は多いはずで，一旦「意味」や「解釈」の領域に立ち入るとコトはそう簡単ではないようである．

　簡単な操作で，長い文章の要約や適切なキーワードが自動的に得られるとしたら，きっと誰しも便利に感じるだろう．それを実現するための一つのアイデアとして，テキスト中の単語の出現回数をカウントして，多く現れる語をキーワードとしてみてはどうだろうか．

　すでに 1950 年代頃からコンピュータでテキストデータを処理する試みは始まっており，そうした黎明期，文書の自動要約に関する研究の中で，ラーンは，テキストで使われている単語やフレーズの中でその内容や話題をよく表しているのは，最も出現頻度の高いグループではなく，むしろ，相対的に頻度が小さいグループであると指摘している (Hans Peter Luhn, 1958)[11]．事実，頻繁に出現するのは "the" や "of" など，文を構成する上で機能的に不可欠な単語（機能語）が多く，文意を特徴づける語は，出現回数としては中位程度である場合が多いようだ．

　キーワードの抽出や文書の要約を目的とするかどうかにかかわらず，テキストから必要な要素を抽出し数え上げる作業はテキスト処理の基本といえる．そこで，ファイルに格納された欧文（英文）のテキストデータから，語の出現頻度 (term frequency; TF) を調べる事例に沿って，テキスト処理の自動化を行

---

11)　Luhn H. P.: The Automatic Creation of Literature Abstracts, *IBM Journal of Research and Development*, **2**, pp.159-165, 1958.

う際のいくつかの基本的な考え方をまず見ておこう.

4.7.1　単語の出現頻度

　テキスト処理のための代表的なソフトウェアであるワードプロセッサやテキストエディタには, 文字数をカウントする機能はあっても[12), 「語の出現頻度」を調べる機能までは搭載されていない. そこでまず, 処理を一連の「素過程」に分解し, それらを組み合わせることによって目的を達することができないか, 考えてみよう. ここでは, 処理を

(1) テキストの中からすべての単語を抽出する.
(2) 単語をすべて大文字に変換する.
(3) アルファベット順に並べ替えた単語のリストを作成する.
(4) リストの中の単語の重複回数をカウントし, 単語とともに出力する.

のステップに分解する. 実は, それぞれのステップは Unix（Linux も含まれる）に標準的に組み込まれているコマンドの機能に対応している. Unix のコマンドは, 開発当初から "Do One Thing and Do It Well"（単一の機能を提供し, かつ, それぞれが洗練されていること）をその設計思想として標榜しており, 解決すべき課題をより小さな要素に分解し, 単機能のコマンドに自然に対応させるという哲学は, 本書の主題である抽象化と自動化において参考となる点が多い. 本格的なデータ分析を志している読者は, Unix に習熟することで, 生産性を高めることができるだろう.

　ただし, 以下では, 近年普及が進んでいる Python 言語の経験を持つ読者を想定し, 各ステップについて Python による具体的な処理方法を考えることにする.

語の抽出

　英語を含む西洋語の多くは, 文中の単語を空白やアルファベット以外の区切り記号で分かち書きすることから, ここでは単語を「A〜Z のアルファベット

---

12)　Unix 系の OS の場合, ファイル中の文字数, 単語数, 行数をカウントするために wc コマンドが提供されている.

文字を 1 回以上反復したパターン」と定義してみよう[13]．簡単のため，語中
のアポストロフィやハイフンなどの処理は，ここでは考えないことにする．こ
うして単純化した「単語」を正規表現で表すと（[A-Z]|[a-z]）+となる[14]．
　対象となるテキストファイル（ここではファイル名を "sample.txt" とする）
を 1 行ずつ読み込んでリストに格納した後，正規表現を使って，各行から単
語部分を抽出し，単語のリストを生成する Python コードは以下のように書け
るだろう．

```
import re
with open("sample.txt") as file:
    lines = file.readlines()

words=[ ]
for line in lines:
    match = re.findall(r'((?:[A-Z]|[a-z])+)', line)
    for w in match:
        words.append(w)
```

Python には正規表現を扱うためのモジュール re が標準で用意されているの
で，あらかじめそれをインポートしておく．コード中に正規表現を記述する際
は，通常の文字列と区別するため，**r' 正規表現'** のように表記する．そして，
re.findall(正規表現, 文字列) によって文字列データ中の正規表現にマッチ
するグループ（丸括弧の中のパターン）をすべて抽出し，リストとして結果
を得ることができる．その際，データとして参照する必要のないグループは，
(?:正規表現) のように記述することで，検索結果から除外される．

大文字への変換
　アルファベットの並びが同じならば，大文字で綴ろうが小文字で綴ろうが，

---

13)　日本語では単語を分かち書きしないため，テキストから文節を抽出するだけでも文の構
　　造を解析しなければならず，複雑な処理が必要となる．そのためのソフトウェアが開発され
　　ており，例えば，MeCab (https://taku910.github.io/mecab/) などが無償で公開され
　　ている．
14)　[A-Z] は，文字コードが A から Z の範囲の文字，すなわち，A,B,C,···,Z の各文字
　　にマッチする．語中に大文字と小文字が混在しても構わないので ([A-Z]|[a-z]) とした．

同じ単語と解釈して構わないだろう．そこで，アルファベットはすべて大文字に変換しておく．Python で小文字をすべて大文字に変換した文字列は **文字列**. upper() により返されるので[15]，

```
WORDS = [ ]
for w in words:
    WORDS.append(w.upper())
```

とすることで，大文字のみから成る単語のリスト WORDS が得られる．

ソーティング

データの整列（ソーティング）は，一般的かつ基本的な処理なので，さまざまなソフトウェアに標準機能として搭載されている．Python で文字列のリストを文字コードの順（つまり，アルファベット順）に並べ替えるには

```
WORDS.sort()
```

と記述するだけでよい．リストの要素が文字列でなく数値の場合は，数値の大きさに応じて整列される．なお，逆順（降順）での並べ替えには，オプション付きで **リスト名**. sort(reverse=True) とする．また，リストをソートして新しいリストを返す組み込み関数として sorted() も用意されている．

重複度のカウント
こうして，テキスト中の単語のリストが，例えば，

```
...
ANCIENT
ANCIENT
AND
AND
AND
ANEAR
...
```

---

15) 小文字変換は .lower().

のように得られたとすると，同じ語が連続して何回出現したかをカウントすることで，その行（単語）の出現回数を得ることができる．整列された単語のリスト WORDS から重複回数をカウントするには

```python
WORDFREQ = { }
cnt = 0
word = ""
for w in WORDS:
    if w == word:
        cnt += 1
    else:
        if cnt>0:
            WORDFREQ[word]=cnt
            print(cnt,word)
        word = w
        cnt = 1
```

のようにすればよい．その結果，単語とその出現回数がペアとなった Python の辞書 (dictionary) WORDFREQ が得られる．

　こうして，(1)〜(4) の各ステップを Python の標準的な機能のみを使って処理できることがわかった．以上では，動詞や名詞の変化については一切考慮しなかったが，より立ち入った分析を行う際には無視できない場合もあるだろう．図 4.1 に，簡単な英文を例に，一連の処理を施す過程を示した．

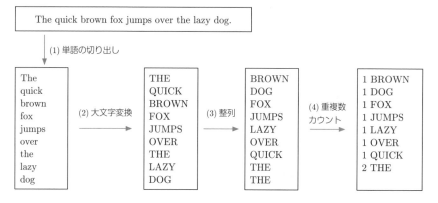

図 4.1　単語の出現回数を数える処理の流れ

　出現回数が多い単語から順に，回数を縦軸，順位を横軸にプロットすることで，累積度数分布が得られる．

```python
import matplotlib.pyplot as plt
word_occurrences = list(WORDFREQ.values())
x = range(1,len(x)+1)
y = sorted(word_occurrences,reverse=True)
plt.plot(x,y,"*")
plt.xlabel("RANK")
plt.ylabel("CUMULATIVE OCCURRENCE")
plt.xscale('log')
plt.yscale('log')
plt.show()
```

　図 4.2 は，上で述べた方法を使ってジェイムズ・ジョイスの小説『ユリシーズ (*Ulysses*)』の単語の出現頻度を得て，両対数グラフ上に表示した例である．グラフの横軸は出現頻度の順位，縦軸はその順位の単語がテキスト中に何回登場したかを示している．最も頻度の高い単語は "THE" で，次いで，"OF"，"AND"，"A"，"TO"，"IN"，"HE"，"HIS"，"I" と続く．最上位をこうした機能語が占めるのは英文の一般的な特徴のようであるが，「彼」が「私」よりも上位にあるのは，テキストの特徴の一端を捉えていると見ることもできるかもしれない．

　グラフを眺めると，出現頻度と順位がほぼ反比例の関係にあるが，同様の性質は小説に限らず多くのテキストデータで共通に見られることが知られている．この経験則は，発見者の名前にちなんでジップの法則 (Zipf's law) と呼ばれている [30][16]．順位 r の語の出現回数を $f(r)$，用いられている単語の種類を N とすると，文中に一度しか現れない単語の順位は N であるから，一般的なテキストに対して近似的な関係 $f(r) \approx N/r$ が成り立っていることになる．見方を変えると，テキストの語彙数は，最も多く使われる語の出現回数に大体

---

16)　出現頻度を f，順位を r とすると，両対数グラフで傾きが a，切片 b の直線的な関係性は $\log f = a \log r + b$ と表すことができる．指数関数を使ってこれを変形すると，$f = e^b r^a$ となるが，いま傾きはほぼ $-1(a = -1)$ であるので，二つの量には反比例の関係 $f \propto r^{-1}$ があることになる．

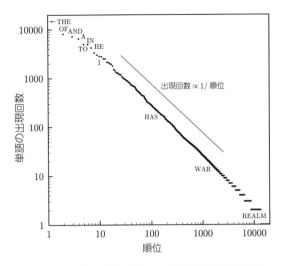

図 4.2 『ユリシーズ』で使われている単語の出現頻度

等しい $N \approx f(1)$ ともいえる．ただし，ジップの法則は一般的であるがゆえに，分析の対象とするテキストを特徴づける性質とは言い難い面がある．

4.7.2　重要語の推定

　語の出現頻度は，そのままではテキストの特徴を必ずしも反映していないとすると，キーワード等とすべき重要語を推定するためにはもう少し工夫が必要である．ジップの法則に顕著に現れているように，テキストにはその内容にはあまり関係しない統計性がある一方で，そのテキストに固有の「ずれ」ないしは「偏差」も存在するはずである．そこで，平均的なテキストからの差異をうまく取り出すことができれば，テキストの特徴をより際立たせることができるだろう．こうした着想に基づいて，語の出現頻度に重みをつけたテキストの指標がいくつか提案されている [2]．

　あるテキスト k に現れる語 t の出現頻度を $f_k(t)$ と表記することにしよう．特定のテキストに対してこの量を計測する手順は，前節で述べたとおりである．

　次に，平均的なテキストの傾向を知るために，テキストデータ（文書）を

いくつか集め（その総数を N とする），それぞれのテキスト中に語 t が現れるかどうかを調べる．語 t を含む文書の数を $D(t)$ とすると，$P(t) = D(t)/N$ は多数の文書の中で語 t が登場するものの割合 (document frequency; DF) を表す．もしも $P(t)$ が 1 に近ければ，t はごくありふれた語であるし，0 に近ければ，めったに使われない語と解釈できるだろう．

そこで，その対数をとった $-\log(P(t))$ を重みとして[17]

$$-f_k(t)\log(P(t)) = f_k(t)\log\left(\frac{N}{D(t)}\right)$$

によって計算される量 (TF-IDF) は，語 t の重要度の一つの指標と見なすことができる．大きな値の TF-IDF は，注目しているテキストに他のテキストではあまり使われていない語が頻繁に登場していることを意味する．

物理学者の寺田寅彦 (1878-1935) は，その優れた随筆でもよく知られている．中でも『茶わんの湯』は，まるで俳句のような世界観と科学的なものの見方が見事に融合した小品である．重要語を推定する例として，この『茶わんの湯』の文中で使われている，漢字のみで構成された語の頻度 (TF) を調べ，さらにそれらの語が寺田の他の作品中でも使われている割合 (DF) を，青空文庫[18]に収録されている随筆から調べてみた（全285編）．それらをもとにTF-IDF を計算した結果を表 4.2 に示す．表の左は出現頻度の大きい順，右はTF-IDF の大きい順に語を並べたもので，頻度の大きい語の中には「見」「上」など，内容を必ずしも反映していないものが含まれる一方で，TF-IDF の大きい語はどれも内容との関連性が強い[19]．ここで，「見」の頻度が高いにもかかわらず TF-IDF が小さいのは，この語が他の作品でも多用されていることを示しており，現象をその目でしっかり観察しようという寺田の一貫した姿勢が垣間見えているようにも思える．

さて，IDF を計算するには多数のテキストデータにわたって，対象とする

---

17)　この量は inverted document frequency (IDF) weight と呼ばれている．ありふれた語では $P(t)$ が 1 に近いので，その対数は 0 に近く，逆に稀にしか使われていない語に対しては大きな正の値をとる．IDF weight は，文書を等しい重みで勘定した際に，その中に注目している語を含む文書を見出す事象についての情報量 (information) と解釈できる．

18)　http://www.aozora.gr.jp/

19)　この作品を読み，内容を確認してみることをお勧めしたい．

表 4.2　IT-IDF によるテキスト（『茶わんの湯』）の解析の例

語	頻度	TF-IDF
湯	35	72.4
見	32	0.45
茶	23	28.0
気	22	1.35
上	18	0.77
冷	16	18.2
日	15	0.75
光	14	5.97
熱	14	11.7

語	TF-IDF	頻度
湯	72.4	35
茶	28.0	23
渦	18.9	10
冷	18.2	16
空気	16.5	13
日光	16.0	9
模様	14.7	8
表面	13.4	8
熱	11.7	14

語が含まれるかどうかをいちいち調べなければならない．例えば，こうした処理を進める際，ディレクトリ内のファイル全体の中から特定のパターンを含むファイルのみを読み出す必要が生じるが，ディレクトリ内のファイルを調べたり操作する際，Python 標準の glob モジュールを用いると便利である．例えば，あるディレクトリ内の，拡張子が .txt のファイルのそれぞれについて，データを読み出すには

```python
import glob
for filename in glob.glob("./**/*.txt", recursive=True):
    print("reading..",filename)
    with open(filename) as file:
        lines = file.readlines()
```

を実行すればよい[20]．

それ以降の具体的な手順とコードの作成については，読者への課題とすることにする．

4.7.3　語や文の長さ

どのような語を用いるかではなく，用いる単語や文の長さによって作者や作品の区別や真贋の判定を行おうという試みもある．確かに，長い語や文を

[20]　glob の引数は正規表現ではなく ".." はピリオドそのものを，"*" はワイルドカード文字（任意の文字列），"**" は任意のサブディレクトリとして解釈される．

好む作家もあれば，その逆もあるであろうから，作者によって統計的に何らかの差異が現れても不思議はない．ウィリアム・シェークスピアは実在の人物ではなく，彼の作品は別人によって書かれたものではないか，という議論は古くから繰り返されており，その中にフランシス・ベーコンがシェークスピアの正体ではないかとする説があった．その議論に白黒をつけるべく，シェークスピアとベーコンが書いた文章の単語の長さの分布が比べられ，ふたりの著述に違いが見られたことから，その「同一人物」説に否定的な見解が提示された (Mendenhall, T.C. 1901)[21]．しかし，その後，その違いは作者よりは文の種類（散文か詩か）によるところが大きいのではないかという指摘もあったりと (Williams, C.B. 1975)[22]，データの正確な解釈はなかなか難しいようだ [14]．もっとも，単なる量的な比較に終始しないために，対象についての深い透察が必要なのは，他のデータ科学とて同じであろう．

さらに，テキストの内容や作者の意図には立ち入らず，「離れた」観点から，語数などの計量を通じて明らかになる事柄もあるようだ．英国では，18世紀から19世紀にかけて，印刷技術の発展に伴って小説の出版部数が急激に増えた．この期間に出版された小説の題名の長さ（単語数）をカタログ等から集計すると，出版数の増加とちょうど対応するように，題名の語数が明らかに減少している．こうした数値データを交えながら，このことは，マーケットの拡大とともに，購買者によりアピールする簡潔で明快な題目が好まれ，ダーウィニズム的な自然淘汰が生じた結果として解釈できるのではないか，という論考もある [29]．

さて，単語の出現頻度の例に倣って，今度はテキストの構成要素（単語や文等）の長さを調べてみよう．前と同様に，そのプロセスを分解すると次のようになる．

1: テキストの中から単語や文を抽出する．
2: 抽出した文字列の長さを求めリストにする．

21) Mendenhall T. C.: A mechanical solution of a literary problem, *Popular Science Monthly*, **60**, pp.97-105, 1901.
22) Williams C. B.: Mendenhall's Studies of Word-Length Distribution in the Works of Shakespeare and Bacon, *Biometrika*, **62**, pp.207-212, 1975.

3: リストを長さ（数値）の順に並べ替える.

4: リストの中の数値の重複回数をカウントし，長さとともに出力する.

パターンの抽出

　ステップ (1) でも Python の正規表現が利用できるが，その際，改行の扱いには注意しなければならない．というのは，ファイルからデータを読み出す際に，データを行ごとに処理すると，行をまたいでいるパターン（例えば，文）を正しく扱えないからである．そのような場合には，やや非効率ではあるが，あらかじめ改行コード (LF, CR) を削除した上で，その結果に対して正規表現によるマッチングを適用するとよい．例えば，英文を想定して，「大文字のアルファベットから始まって，ピリオド，疑問符，感嘆符，コロン，またはセミコロンで終わるパターン」を抽出したリストを作成するには,

```python
import re
with open("sample.txt") as file:
    texts = file.read()

texts = texts.replace("\n", "")

sentences=[ ]
match = re.findall(r'([A-Z].*?(?:\.|\?|\!|\:|\;))', texts)
for s in match:
    sentences.append(s)
```

となる.

　この例では，ピリオド等の終端記号が複数存在するテキスト中から，それぞれの文を抽出する作業を想定しているため，「繰り返し」を表す正規表現に，.* ではなく .*? を用いている点にも注意したい．.*?は，「任意の文字の 0 回以上の反復パターンのうちで最短のもの」を意味しており，"A is B. C is D." のような文字列から "A is B." と "C is D." がそれぞれ抽出される．一方，.* を使うと「マッチするパターンのうちで最長のもの」を貪欲 (greedy) に探索しようとするため，"A is B. C is D." の全体にマッチする．その他，テキス

表 4.3　正規表現の拡張機能

記法	説明および具体例
*?	0 回以上の繰り返しのうち，最も短い文字列にマッチ. 例：goo*?（"goooo" の中の "go" にマッチ）
+?	1 回以上の繰り返しのうち，最も短い文字列にマッチ. 例：goo+?（"goooo" の中の "goo" にマッチ）
{n,m}?	n 回以上 m 回以下の繰り返しのうち，最も短い文字列にマッチ. {n,}?は n 回以上の繰り返し. 例：goo{2,}?（"goooo" の中の "gooo" にマッチ）
\n	n 番目に登場した括弧の箇所の前方参照. 例：(a)(b)\2\1（"abba" にマッチ）
\p{InHiragana}	日本語のひらがなにマッチ. 実装によっては \p{Hiragana}と表記. 例：\p{InHiragana}+（"あいうえお" 等にマッチ）
\p{InKatakana}	日本語のカタカナにマッチ. 実装によっては \p{Katakana}と表記. 例：\p{InKatakana}+（"カキクケコ" 等にマッチ）
\p{InCJKUnifiedIdeographs}	漢字にマッチ. 実装によっては \p{Han}と表記. 例：\p{InCJKUnifiedIdeographs}+（"色即是空" 等にマッチ）

ト処理に便利と思われる正規表現の拡張記法をいくつか表 4.3 に挙げた.

　なお，日本語に固有の文字を表す記法をサポートしているソフトウェアも多いので，その例も表に含めておいた[23]．表中の表記が許されていない場合でも，文字コードの範囲を指定することによって，例えば，Unicode のひらがなを [ぁ-ゞ] のように表記することも可能である.

文字列の長さ

　文（文字列）のリストが得られたら、各文の長さ（文字数）は len(**文字列**)で知ることができるので，それをもとに文長（数値）のリストを生成するのは容易である．さらに，それをヒストグラムとして表示するコードの例を以下に

---

23) 国際文字の表現等，Python 標準の re モジュールに実装されていない拡張機能を使用する場合は，regex モジュールを追加インストールしておく必要がある.

示す.

```
lengths = [ ]
for s in sentences:
    lengths.append(len(s))

import matplotlib.pyplot as plt
plt.hist(lengths,range=(0,150))
plt.xlabel("SENTENCE LENGTH")
plt.show()
```

単語の長さの分布

処理内容は文長分布の計算とほぼ同様である. 単語のリスト words がすでに得られているとして, その分布は

```
lengths = [ ]
for w in words:
    lengths.append(len(w))

import matplotlib.pyplot as plt
plt.hist(lengths,density=True,
    bins=range(min(lengths), max(lengths) + 1, 1))
plt.xlabel("WORD LENGTH")
plt.show()
```

で表示できる[24].

以上のようにして, Python の標準的な機能のみを用いて, テキスト中に現れる語長や文長をデータとして得ることができる. 図 4.3 に, 夏目漱石の小説の文長を, 文字数を単位にして測った例を示す. この例のように, 文長は左右に非対称で右側に裾が伸びた分布になることが多く, 書き言葉では, 相対的に短い文が多く使われるものの, 稀に, 非常に長い文も現れるのが一般的なよ

---

[24] 紙幅の都合上, 下から 3 行目と 4 行目が 2 行に分かれているが, 実際には 1 行で入力する.

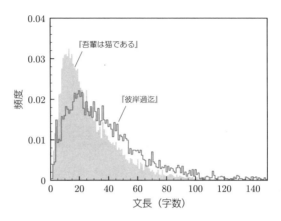

図 4.3 夏目漱石の小説の文長（字数）分布の例

うだ. 『彼岸過迄』は，漱石が大患からの復帰後に最初に新聞連載した小説で，その意味では，彼の比較的短い創作期間の中でも特殊な時期に書かれた作品といえる. 一般的に，作者や作風の違いは，文長分布にはあまり明確に反映されないことも多いようであるが [2]，『彼岸過迄』は漱石の他の作品と比べ，長い言い回しが増えているのが分布の上からは明らかである. もっとも，その解釈については，著者の手に余るところであるし，また，こうした分布の相違の評価についても，統計学の知識や手法なども手がかりに，本来さらに慎重に検討されなければならない.

　この章では，言語活動の「情報化」を念頭に，テキスト処理の抽象化と自動化に関係するいくつかのトピックを具体例を交えて紹介した. ここでは触れなかったさまざまな手法やツールも開発されており，研究のみならず，社会の各所で実際に応用されている. 特に，近年の人工知能を用いた自然言語処理技術の発展には目覚ましいものがある. 詳しくは，「テキストマイニング (text mining)」「計算言語学 (computational linguistics)」「計量文献学 (stylometry)」「自然言語処理 (NLP; natural language processing)」等をキーワードに，文献やインターネット上の情報を参照するとよいだろう.

練習 4.15 『ユリシーズ』に登場する最も長い単語とその字数はいくらか. テキストデータは Project Gutenberg (http://www.gutenberg.org) 等の情報サービスからオンライン

で入手できる.

練習 4.16 日本語のテキストでは,読点(「,」や「、」)の直前に現れる文字に,書き手の特徴がよく反映されるという研究結果がある [2]. 単語の出現頻度の例を参考に,読点の直前の文字を出現頻度の大きい順に出力する手順を考え,いくつかのテキストについて比較してみよ.

練習 4.17 文の長さの分布を得る手順を考え,実際に,いくつかの入手可能なテキストデータについて調べてみよ. ウェブ上のメッセージ投稿サービスの中には,字数に制限を設けている場合(例えば 140 文字)があるが,一般的な長さの文を投稿する上でどれくらい「窮屈」といえるだろうか.

情報数学の基本用語

　ここでは読者の理解を助けることを趣旨に，本書に現れる主要な基本的用語や概念を説明する．そういうことなら，この本はディジタル・コンテンツにしてしまって，本文中に大事な語が現れるたびにハイパーリンクで解説すればよい，という考え方もある．しかし，主要な語にあまねくハイパーリンクの解説をつけた文書と，そのような親切な配慮は一切ない同じ文書とでは，文学作品の場合，読み手の理解度に圧倒的な差が出ることが知られている．驚くべきことに，ハイパーリンクによる逐語解説がない方が深い理解が得られるという[1, 28]．この本が文学作品だとはいわないが，付録の体裁をとって提供されるまとまった解説は古来より，専門書・教科書が採用してきた理解支援の仕掛けであり，それなりに有効に機能してきた．

　なお，この付録を読まなければ本書を理解できないというわけでもない．本書は学士課程初年級の学生を読者として想定して書かれており，内容はその範囲から大きくは逸脱していない．とはいえ，ここで挙げたのは主に数学的な（ただし計算機科学の文脈で現れる数学の）事項である．数学に抵抗感のある読者には拒絶されるかもしれない．そこで，偉そうに突き放した表現の多い厳密な定義にこだわらず，できるだけ簡潔な表現で直観的な理解が得られる解説を目指すので，本文中でわからない言葉や概念に出会ったら，どうかこの付録を参照してほしい．

　その他の数学的な事項を調べたいときには，関係する数学の教科書を読むと

いう方法もあるが，たまたま出会った教科書のレベルによっては余計に混乱することがある．しかし，[5] は深さと平易さを高い位置でバランスさせながら計算機科学の基礎となる数学を網羅的に解説する良書である．一方，教科書で系統的に学ぶのではなく用語だけを調べたい場合には，[17] を推奨したい．項目ごとに短い紙幅でありながら，あっさりと本質を理解させられてしまう（少なくとも，理解した気になってしまう）文章力は他に例が見当たらない．

A.1　集　合

　互いに区別できる対象（あるいは単に「もの」）の集まりを**集合**といい，その集められた対象のそれぞれを**元**という．a が集合 A の元であるとき，a は A に属するといい，$a \in A$ と書く．そうでないとき $a \notin A$ と書く．与えられた勝手な a に対して，$a \in A$ と $a \notin A$ のどちらなのか確定されるように A が定義される必要がある（その「どちらなのか」を判定する計算の難しさを検討する学問が計算量理論である）．

　例えば，自然数全体の集合を $\mathbb{N}$，整数全体の集合を $\mathbb{Z}$，有理数全体の集合を $\mathbb{Q}$，実数全体の集合を $\mathbb{R}$，複素数全体の集合を $\mathbb{C}$ とそれぞれ書く習慣がある．計算機科学に含まれる専門分野によっては 0 を含めて自然数ということがたまにあるが，本書では特に断らない限り 0 を自然数には含めていない．

　集合を具体的に定義するとき，$U = \{1, 2, 3, 4, 5\}$ のように元をすべて並べる方法（外延的定義）と，$V = \{k \in \mathbb{N} \mid k < 6\}$ のように縦棒の右側に元の性質を規定する方法（内包的定義）がある（この U と V は明らかに同じ集合である）．どちらもよく使われるが，元が多くなると前者では書くのが大変だし，原理的に書ききれないこともあるので，後者が使われる．

　二つの集合 A と B に対して，それらを合併させた集合を**和集合** $A \cup B$ と書き，$A \cup B = \{x \mid x \in A$ または $x \in B\}$ で定義する．つまり，x が A か B のどちらかの元であれば（両方の元であってもよい）x は $A \cup B$ の元である．また，A と B の**共通集合**を $A \cap B$ と書き，$A \cap B = \{x \mid x \in A$ かつ $x \in B\}$ で定義する．しかし，共通部分に入る元は存在しないかもしれない．そこで，特別に「一つも元を持たない集合」を定義してこれを**空集合**と呼び，$\emptyset$ と書く

（ゼロに斜線を引いたものでもギリシャ語の ϕ でもなく，スカンジナビア語に由来する）．なお，空集合は形式的には，どのような x に対しても $x \notin \emptyset$ を満たすものと定義される．

　集合 A の元の個数が有限のとき，A を **有限集合** と呼び，元の個数を $\#A$ で表す（元の個数を表すのに $|A|$ も使われるが，計算機科学では文字列の長さを表すのに $|\ |$ を使うので，紛らわしいため $\#A$ を使う人が多い）．例えば，$\#\emptyset = 0$，先に例示した U, V について，$\#U = \#V = 5$ である．集合が有限集合ではないとき，**無限集合** と呼ぶ．$\mathbb{N}, \mathbb{Z}, \mathbb{Q}, \mathbb{R}, \mathbb{C}$ はどれも無限集合だが，$\mathbb{N}$ と一対一の対応が可能な $\mathbb{N}, \mathbb{Z}, \mathbb{Q}$ は数えられる無限の意味で可算無限集合と呼ばれ，$\mathbb{R}$ や $\mathbb{C}$ の持つ無限性とは区別される．$\mathbb{R}$ や $\mathbb{C}$ は $\mathbb{N}, \mathbb{Z}, \mathbb{Q}$ に比べて'無限'の度合いが大きいのだが，このあたりは集合の「濃度」と呼ばれる概念の話であり，ここでは深入りしない．

　集合 A, B について，A の元がすべて B の元であるとき，A を B の **部分集合** と呼び，$A \subseteq B$ と書く．これは文字通り，A が B の'一部分'になっているという意味であるが，$A = B$ である場合も許容されていることに注意しよう．つまり，どの集合 A も自分自身の部分集合であると考える．また，$A \subseteq B$ かつ $B \subseteq A$ であるときに限り，$A = B$ である．A は B の部分集合ではあるが $A = B$ ではないとき，これを強調して A を B の **真部分集合** と呼び，$A \subset B$ と書く（ただし，数学書によっては $A \subset B$ を本書の $A \subseteq B$ の意味で使うことがあるので注意が必要である．その場合，本書の $A \subset B$ に対応する記法として $A \subsetneq B$ が使われる）．なお，空集合 $\emptyset$ は任意の集合 A に対して $\emptyset \subseteq A$ である．

　集合 Ω の一つの部分集合 A に対し，A の **補集合** A^c とは，Ω から A の元を除いた集合のことである．この「元を除く」演算を記号 $\backslash$ で表し，$A^c = \Omega \backslash A = \{x \in \Omega \mid x \notin A\}$ と定義する（この $\backslash$ の代わりに引き算の記号で $\Omega - A$ と書く本もある）．A, B を Ω の部分集合とするとき，$(A \cup B)^c = A^c \cap B^c$，$(A \cap B)^c = A^c \cup B^c$ という基本性質が知られている（ド・モルガン則）．

　集合 Ω のすべての部分集合（空集合と Ω 自身を含む）を考えて，それら全体を Ω の **べき集合** と呼び，2^Ω で表す．すなわちべき集合は，集合を元とする集合であり，$2^\Omega = \{S \mid S \subseteq \Omega\}$ である．特に Ω が有限集合で $\#\Omega = m$

のとき，$\#2^\Omega = 2^{\#\Omega} = 2^m$ となる．この事実は簡単に説明できる．$\Omega = \{a_1, \ldots, a_m\}$ のとき，Ω に付随して m 個の整数の組 $(b_1, \ldots, b_m)$ を考え，注目している部分集合に元 a_i が属するとき $b_i = 1$，そうでないとき $b_i = 0$ を割り当てる対応関係を定めると，長さ m の 1 または 0 のパターンが各部分集合に一対一に対応することになる．そのパターンの総数は 2^m となる．

n 個の集合 $X_1, \ldots, X_n$ から元 $x_i \in X_i$ をそれぞれ一つずつ取り出して順番に並べたものを $(x_1, \ldots, x_n)$ と書き，その全体を $X_1 \times \cdots \times X_n$ と書いて，$X_1, \ldots, X_n$ の**直積集合**と呼ぶ．単一の集合 X の元を n 個並べたときは $X \times \cdots \times X$ の代わりに X^n と書く．例えば，2 次元デカルト座標系ではどの点も二つの実数の組に対応するので，集合としては $\mathbb{R}^2$ である．

一方，n 個の集合 $X_1, \ldots, X_n$ のどの $X_i, X_j \ (i \neq j)$ についても $X_i \cap X_j = \emptyset$ であるとき，$X_1 \cup \cdots \cup X_n$ を**直和集合**と呼び，$X_1 + \cdots + X_n$ と書く．$A = X_1 + \cdots + X_n$ であるとき，$(X_1, \ldots, X_n)$ は A の**分割**と呼ばれるが，もちろん分割は一般に一意（ただ一通り）ではない．

その他，数の総和や総乗をそれぞれ $\displaystyle\sum_{i=1}^n a_i$ や $\displaystyle\prod_{i=1}^n a_i$ などと書くように，集合についても

$$\bigcup_{i=1}^n A_i = A_1 \cup \cdots \cup A_n, \quad \bigcap_{i=1}^n A_i = A_1 \cap \cdots \cap A_n$$

という書き方をすることがあるが，意味はこの定義から明らかであろう．

これまでの記号の復習を兼ねて，$\mathbb{R}^2$ の上で原点に中心を持つ単位円を考えてみよう．円の内部の点の集合 I と円周上の点の集合 C の合併集合が単位円盤上の点の集合 D であるから，D は次のように表現できる．

$$\begin{aligned}
D &= \left\{ (x, y) \in \mathbb{R}^2 \mid x^2 + y^2 \leq 1 \right\} \\
&= \left\{ (x, y) \in \mathbb{R}^2 \mid x^2 + y^2 < 1 \right\} \cup \left\{ (x, y) \in \mathbb{R}^2 \mid x^2 + y^2 = 1 \right\} \\
&= I \cup C = I + C
\end{aligned}$$

ここで最後の等式は直和表現であり，円の内部と円周に共通部分がないこと，すなわち $I \cap C = \emptyset$ であることによる．$D \subseteq \mathbb{R}^2$ であるから，その補集合 $D^c = \mathbb{R}^2 \setminus D$ は平面に単位円盤の穴が空いている集合を表す．また，$\mathbb{R}^2$ 上の点

の集合 $L = \{(x, y) \in \mathbb{R}^2 \mid x - y = 0\}$ を考えたとき（L は直線上の点の集合である），$C \cap L$ は有限集合であり，$C \cap L = \left\{ \left(\dfrac{1}{\sqrt{2}}, \dfrac{1}{\sqrt{2}} \right), \left(-\dfrac{1}{\sqrt{2}}, -\dfrac{1}{\sqrt{2}} \right) \right\}$ である．

A.2　写　像

　集合の間の対応関係を扱う概念が写像である．集合 X, Y（$X = Y$ でもよい）について，各々の $x \in X$ に対して Y の元 y を一つ対応させる規則が定まっているとき，その対応 f を X から Y への**写像**と呼び，$f : X \to Y$ と書く．f によって元 $x \in X$ が元 $y \in Y$ に対応することを，$y = f(x)$ または $f : x \mapsto y$ と書く．関数は昔，函数とも表記された歴史ある概念であるが，現代数学では写像とほとんど同じ意味で使われており，本書でも特に区別しない．

　写像 $f : X \to Y$ について，X は**定義域**と呼ばれる．$S \subseteq X$ に対して，$\{f(x) \mid x \in S\} \subseteq Y$ を f による S の**像**といい，$f(S)$ と書く．特に $f(X)$ を f の**値域**という．単に「f の像」というときは $f(X)$ を指し，$\mathrm{Im}\, f$ と書く．なお，$f : X \to Y$ を写像とするとき，X は始域，Y は終域と呼ばれることがある．

　写像 $f : X \to Y$ について，任意の $x_1, x_2 \in X$ に対して「$x_1 \neq x_2$ ならば $f(x_1) \neq f(x_2)$」が成り立つとき，f を一対一の写像または**単射**という．写像の定義では，X の一つの元 x_1 に対して Y の唯一の元 y が対応することを求めているが，x_1 とは別の x_2 も同じ y に対応する可能性を排除してはいない（多対一の対応が許容されている）．しかし単射は，例外なく厳密に一対一である．一方，$f(X) = Y$（すなわち f による X の像が Y に等しく $\mathrm{Im}\, f = Y$）であるとき，f を**全射**という．f が全射ならば，定義により，任意の $y \in Y$ に対して $f(x) = y$ となる $x \in X$ が存在する．f が全射かつ単射のとき，f を**全単射**という．特に X から X 自身への全単射は，X の元を「並べ替える」という操作を表していると考えられるので，X 上の**置換**ということがある．

　例えば，$X = \{1, 2, 3, 4, 5\}$ のとき，X から X 自身への全単射は五つの番号 $1, 2, 3, 4, 5$ の並べ替えパターンを表していると考えられる．置換を表記する

際には，上段に順列 $(1, 2, 3, 4, 5)$ を，そして下段には並べ換えられた後の順列
をそれぞれ書くという記法がよく使われる．例えば，

$$\sigma = \begin{pmatrix} 1 & 2 & 3 & 4 & 5 \\ 3 & 2 & 4 & 5 & 1 \end{pmatrix}$$

は順列 $(1, 2, 3, 4, 5)$ が $1 \mapsto 3, 2 \mapsto 2, 3 \mapsto 4, 4 \mapsto 5, 5 \mapsto 1$ という対応により
順列 $(3, 2, 4, 5, 1)$ に並べ替えられることを意味する．なお，上段を省略した1
行での表記法が用いられることもある．例えばこの例では，$\sigma = (3, 2, 4, 5, 1)$
という記法が用いられる．ただし，1行記法は巡回置換を表すこともあるので
注意が必要である．ここで**巡回置換**とは，例えば $3 \mapsto 2, 2 \mapsto 5, 5 \mapsto 3$ という
ようにいくつかの番号を巡回的に置換して残りの番号は動かさない置換のこと
であるが，このような置換を $(3, 2, 5)$ のように巡回部分のみを1行で記述する
ことも一般的である．

また，

$$\sigma = \begin{pmatrix} 1 & 2 & 3 & 4 & 5 \\ 1 & 2 & 3 & 4 & 5 \end{pmatrix}$$

は $(1, 2, 3, 4, 5)$ を $(1, 2, 3, 4, 5)$ に並べ替える置換であるが，これは実質的には
「何もしない」という置換であり，このような置換を**単位置換**という．

n 文字にわたる置換は全部で $n!$ 通り存在する．例えば $n = 5$ のときは，置
換は全部で $5! = 120$ 通りある．もちろん，その中には単位置換も含まれてい
る．

二つの写像 $f_1 : X \to Y$ と $f_2 : X \to Y$ について，任意の $x \in X$ に対して
$f_1(x) = f_2(x)$ が成立するときに限り，$f_1 = f_2$（二つの写像は等しい）とい
う．$f_1 \neq f_2$ を主張するには，$f_1(x) \neq f_2(x)$ となる $x \in X$ が少なくとも一つ
存在することを示せばよい．

$f : X \to Y$ を写像とする．$B \subseteq Y$ に対して，$\{x \in X \mid f(x) \in B\}$ を f に
よる B の**逆像**と呼び，$f^{-1}(B)$ と書く．すなわち，X の元を f で一斉に Y に
向けて矢のように放ったとき，的になっている区画 $(B \subseteq Y)$ に当たる X の
範囲が B の逆像である．したがって，$f^{-1}(Y)$ は（f が全射でなくとも）定義

域 X に一致する．$y \in Y$ に対して，$f^{-1}(\{y\}) = \{x \in X \mid y = f(x)\}$ を単に $f^{-1}(y)$ と書き，y 上の**ファイバー**と呼ぶ．f が単射のとき，空でない逆像は唯一の元から成るが，単射でないときは，一般には複数個の元から成る．

写像 $f : X \to Y$, $g : Y \to Z$ に対し，対応 $x \mapsto g(f(x))$ によって X から Z への写像が定まるが，この写像を f, g の**合成写像**と呼び，$g \circ f$ と書く．任意の $x \in X$ について，$f(x)$ が g の定義域の中に入っているというところが合成に際する重要なポイントである．もし $f(x)$ が g の定義域に入っていなければ，$g(f(x))$ という値に意味がなくなってしまう．

合成規則は数の足し算や掛け算と同じような形式の結合法則を満たしている．つまり，三つの写像 $f : A \to B$, $g : B \to C$, $h : C \to D$ の合成に関して，$h \circ (g \circ f) = (h \circ g) \circ f$ が成立する．ただし，数の計算と違って，$f \circ g$ と $g \circ f$ は必ずしも一致しない．それどころか，$f \circ g$ が定義可能であっても $g \circ f$ は定義不可能であるなどという場合もありうる．

単射どうしの合成は単射であり，全射どうしの合成は全射である．したがって，全単射どうしの合成は全単射である．特に，f, g がともに同じ集合 X 上の置換であるとき，$f \circ g$ および $g \circ f$ も X 上の置換である．例えば，$X = \{1, 2, 3, 4, 5\}$ のとき，1 行表示された置換 $f = (3, 1, 4, 5, 2)$ と $g = (5, 1, 3, 2, 4)$ の合成 $g \circ f$ は置換 $(3, 5, 2, 4, 1)$ を表している．これは $g(f(1)) = g(3) = 3$, $g(f(2)) = g(1) = 5$, $g(f(3)) = g(4) = 2$, $g(f(4)) = g(5) = 4$, $g(f(5)) = g(2) = 1$ のようにして求められたものである．同様に考えれば，$f \circ g = (2, 3, 4, 1, 5)$ であることがわかる．この例では，$f \circ g \neq g \circ f$ となっている．

X と Y の間に互いに逆向きの写像 $f : X \to Y$ と $g : Y \to X$ が定義されているとする．このとき，任意の $x \in X$ と $y \in Y$ について，$y = f(x)$ ならば $x = g(y)$ であり，同じく逆に $x = g(y)$ ならば $y = f(x)$ となっているとき，f と g は互いに他方の**逆写像**であるという．定義から，f と g が互いに他方の逆写像になっているとき，任意の $x \in X$ について $g(f(x)) = g(y) = x$ であり，同様に任意の $y \in Y$ について $f(g(y)) = f(x) = y$ となる．つまり，合成写像 $g \circ f$ と $f \circ g$ は実質的には何もしない写像，つまり**恒等写像**になっている．

なお，任意の写像に逆写像が存在するわけではない．f の逆写像が存在するためには，f が全単射であることが必要十分である．特に，f が集合 X 上

の置換であるとき，f は X から X 自身への全単射だから逆写像 g が存在する
が，特にこの g 自身も X 上の置換になっている．例えば $X = \{1,2,3,4,5\}$
のとき，置換 $f = (3,1,4,5,2)$ の逆置換は $g = (2,5,1,3,4)$ である（実際に
$f \circ g$ と $g \circ f$ がどちらも単位置換になっていることを手計算で確かめてみれば
よい．この手計算を実際に試してみれば，与えられた置換 f の逆置換をどの
ような仕組みで求めることができるのかというところまで洞察できるだろう）．

写像 $f : X \to Y$ に対して，f の**グラフ**を集合

$$\mathrm{graph}(f) = \{(x, f(x)) \mid x \in X\} \subseteq X \times Y$$

で定義する．これは，f によって対応づけられるペアをすべて集めたものであ
る．ただし，A.4 節で述べるグラフと混同しないよう注意が必要である．写像
のグラフは，平面に点をプロットして描くグラフを抽象化したものだと思えば
よい．

最後に，計算機科学でよく現れる写像を紹介する．$f : X \to \{0,1\}$ を特に
X 上の**述語**ということがある．1 を T（True, 真），0 を F（False, 偽）と同
一視して，X の元に真偽を対応させる写像に対して用いられる呼称である．

A.3 行 列

日常語では「行列」といえば，お店のレジなどの前にできる人の列のことを
指すが，数学でいう**行列** (matrix) はもちろんそれとは全く別物であり，例え
ば

$$A = \begin{pmatrix} 1 & -3 & 0 \\ 2 & 1/2 & -1 \end{pmatrix}$$

というように，いくつかの数が矩形状に配置されたものを指す．数の範囲と
しては整数，有理数，実数，複素数などがよく考えられるが，離散数学では
0，1 あるいは -1 のみを用いた行列もよく扱われる．上記の A は二つの行
（横）と三つの列（縦）から構成されるので，「2 行 3 列の行列」あるいは簡単
に $(2,3)$-行列などといわれる．行数と列数がともに n である行列は n 次**正方**

行列といわれる．また，$(n,1)$-行列は n 個の数が縦に並んだベクトルであり，$(1,n)$-行列は n 個の数が横に並んだベクトルである．このように，縦ベクトル・横ベクトルは行列の特別なものとして考えることができる．

以下，行列 A に対して，A の中で i 行 j 列目にある数，つまり上から数えて i 行目，左から数えて j 列目にある数を A の (i,j)-成分といい，(i,j)-成分が a_{ij} である行列を $A = (a_{ij})$ のように略記する．

行列にも加法と乗法がある．行列 A と行列 B の和 $A + B$ は，A と B の大きさ（行数と列数）がともに等しい場合にのみ定義され，

$$A + B \text{ の } (i,j)\text{-成分} = A \text{ の } (i,j)\text{-成分} + B \text{ の } (i,j)\text{-成分}$$

で定義される．つまり，$A + B$ は A と B のそれぞれ対応する成分どうしを加え合わせることで得られる．例えば A, B が $(2,3)$-行列であるときは，

$$\begin{pmatrix} a_{11} & a_{12} & a_{13} \\ a_{21} & a_{22} & a_{23} \end{pmatrix} + \begin{pmatrix} b_{11} & b_{12} & b_{13} \\ b_{21} & b_{22} & b_{23} \end{pmatrix} = \begin{pmatrix} a_{11}+b_{11} & a_{12}+b_{12} & a_{13}+b_{13} \\ a_{21}+b_{21} & a_{22}+b_{22} & a_{23}+b_{23} \end{pmatrix}$$

である．すべての成分が 0 である行列を**零行列**というが，これが数の加法でいうところの 0 と同じ役割を果たす．つまり，任意の行列 A について，それと同じ大きさの零行列を 0 で表すと，

$$A + 0 = 0 + A = A$$

である．さらに，行列の加法は成分ごとに実行される数の加法であるから，数の加法と同様の基本的な計算規則が成立する．

- 交換法則：$A + B = B + A$．
- 結合法則：$A + (B + C) = (A + B) + C$．
- 「負」の行列：$A + (-A) = (-A) + A = 0$．ここで，$-A$ は A のすべての成分の符号を反転させた行列である．

行列の乗法については少し定義が複雑で，和の定義に比べると変則的である．行列 A と行列 B の積 AB は，A の列数と B の行数が等しい場合にのみ定義される．$A = (a_{ij})$ が (ℓ,m)-行列，$B = (b_{ij})$ が (m,n)-行列であるとき，

AB は

$$AB \text{ の } (i,j)\text{-成分} = \sum_{k=1}^{m} a_{ik}b_{kj} = a_{i1}b_{1j} + a_{i2}b_{2j} + \cdots + a_{im}b_{mj}$$

で定義される (ℓ, n)-行列である．一般に，同じ次元の二つのベクトル $x = (x_1, x_2, \ldots, x_n)$ と $y = (y_1, y_2, \ldots, y_n)$（縦ベクトルでも横ベクトルでもよい）に対して，それらの**内積**を

$$\langle x, y \rangle = \sum_{i=1}^{n} x_i y_i = x_1 y_1 + x_2 y_2 + \cdots + x_n y_n$$

で定めると，AB の (i,j)-成分は，A の i-行目をなす横ベクトル A_i と，B の j-列目をなす縦ベクトル B^j の内積 $\langle A_i, B^j \rangle$ である．例えば，A が $(2,2)$-行列，B が $(2,1)$-縦ベクトルであるときは，

$$\begin{pmatrix} a_{11} & a_{12} \\ a_{21} & a_{22} \end{pmatrix} \begin{pmatrix} b_1 \\ b_2 \end{pmatrix} = \begin{pmatrix} a_{11}b_1 + a_{12}b_2 \\ a_{21}b_1 + a_{22}b_2 \end{pmatrix}$$

となり，AB は $(2,1)$-縦ベクトルとなる．次の形の n 次正方行列

$$I_n = \begin{pmatrix} 1 & & & \\ & 1 & & \\ & & \ddots & \\ & & & 1 \end{pmatrix}$$

は n 次の**単位行列**と呼ばれている．ただし，空白の成分はすべて 0 であり，対角線上にのみ 1 が並んでいる．この行列は数の乗法でいうところの 1 の役割を果たしている．つまり，任意の (ℓ, n)-行列 A および (n, ℓ)-行列 B に対して

$$AI_n = A, \quad I_n B = B$$

である．行列の積については，数の掛け算とかなり事情が異なるところもあって，例えば，

- 交換法則は一般に通用しない．つまり，$AB = BA$ が成立するとは限らない（それどころか，一般には積 AB が定義可能であっても，BA は定義できないこともある）．例えば，

$$\begin{pmatrix} 1 & -1 \\ 2 & 3 \end{pmatrix} \begin{pmatrix} 2 & 0 \\ -1 & 2 \end{pmatrix} = \begin{pmatrix} 3 & -2 \\ 1 & 6 \end{pmatrix}, \quad \begin{pmatrix} 2 & 0 \\ -1 & 2 \end{pmatrix} \begin{pmatrix} 1 & -1 \\ 2 & 3 \end{pmatrix} = \begin{pmatrix} 2 & -2 \\ 3 & 7 \end{pmatrix}$$

である．

- 零行列でない行列どうしの積が零行列になることがある．例えば，

$$\begin{pmatrix} 1 & 0 \\ 0 & 0 \end{pmatrix} \begin{pmatrix} 0 & 0 \\ 1 & 0 \end{pmatrix} = \begin{pmatrix} 0 & 0 \\ 0 & 0 \end{pmatrix}$$

である．

ただし，結合法則 $(AB)C = A(BC)$ は（この式の両辺の積が定義可能である場合に限って）成立する．

n 次正方行列 A に対して，

$$AA' = A'A = I_n$$

となる n 次正方行列 A' が存在するとき，この A' を A^{-1} と書いて A の**逆行列**という．A によっては逆行列が存在しないこともあるが，存在する場合には，A^{-1} は A に応じて唯一つに決まる．例えば 2 次正方行列の場合は，

$$\begin{pmatrix} a & b \\ c & d \end{pmatrix}^{-1} = \frac{1}{ad - bc} \begin{pmatrix} d & -b \\ -c & a \end{pmatrix}$$

である．ただし，これは $ad - bc \neq 0$ である場合にのみ定まるものであり，$ad - bc = 0$ であるときには逆行列は存在しない．

A.4 グラフ

グラフとは，頂点の集合と，それらの結びつきの様子を表す辺の集合で定義される概念である．第1章の1.3節でも指摘されているように，グラフは現実の問題を抽象化する際にしばしば利用される重要な概念である（本書の中でも第3章においてグラフを抽象化の道具として何度か利用している）．そこで，ここではグラフ理論にまつわるいくつかの基本用語を概観しておくことにしよう．幸いなことに，グラフ理論の基本用語には直観的に意味を理解しやすいものが多い．

一般にグラフ G は，頂点集合 V と辺集合 $E \subseteq V^2$ を使って $G = (V, E)$ と定義される．二つの頂点 u, v について $(u, v) \in E$ であるとき，それら二つの頂点は辺で結ばれており，$(u, v) \notin E$ であるときは辺で結ばれていないと考える．本書では頂点集合 V が有限集合であるようなグラフ，つまり有限グラフのみを考える．なお，以下で解説する用語については概ね参考文献 [9, 25] に従った[1]．

V^2 は直積集合 $V \times V$ だから，(v, v) のように頂点 v から v 自身への「ループ辺」も許容される．ループ辺の存在を許容しない場合には，E を V^2 ではなくて $V^{[2]} = \{(u, v) \mid u, v \in V, u \neq v\}$ の部分集合であると定義する（$V^{[2]}$ は $\binom{V}{2}$ とも書かれることがある．この記法には，集合 V から元を二つとる組み合わせの全体，という気持ちが込められている）．以下でもループ辺のないグラフだけを考えることにする．

グラフ $G = (V, E)$ の二つの頂点 $x, y \in V$ について $(x, y) \in E$ であるとき，すなわち x と y を結ぶ辺があるとき，x と y はこの辺 (x, y) で互いに隣接しているという．頂点 x と隣接している頂点の個数を x の次数と呼び，$d(x)$ と書く．$d(x) = 0$ である頂点 x を孤立点という．

グラフの辺に対して，単に頂点のつながり具合という情報だけでなく，向きをつけることがある．これを有向グラフという．その反射として，向きをつけないグラフを無向グラフという．有向グラフでは，各々の辺 (u, v) は頂点が並

---

1) グラフ理論の用語については，文献によってやや差異が見られることがある．

(a) 無向グラフ　　　　　　　(b) 有向グラフ

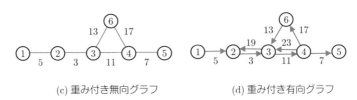

(c) 重み付き無向グラフ　　　　(d) 重み付き有向グラフ

図 A.1　無向グラフと有向グラフ，およびそれらの辺に重みがついた場合

ぶ順番にも意味がある**順序組**であるが，無向グラフではそれは**非順序組**である．本節では，単に「グラフ」というときには無向グラフを想定する．

　辺には向きだけなく，**重み**がつけられることもある．辺の向きや重みは現実の問題を抽象化するときに威力を発揮する．例えば，地図上の都市を頂点と見なし，道路を辺と見なせばグラフが構成されるが，一方通行が現れるときは有向グラフを考えればよい．また，都市間の距離は辺に重みを持たせることで表現できる．移動のコスト（運賃，燃料費，所要時間など）に注目するときも適切な重みを考えればよい．これにより，都市から都市を渡り歩く際の最短経路や最経済経路（移動コストが最小の経路）なども，グラフを利用して考えることができる（第 3 章の 3.7 節を参照）．図 A.1 は無向グラフ，有向グラフ，さらにそれらに重みをつけた場合の例である．

　グラフを記述するために，しばしば**隣接行列**が使われる．グラフを行列で表現することにより，代数学の切り口による視点が生まれる．$G = (V, E)$ で $V = \{v_1, \ldots, v_n\}$ のとき，G の隣接行列は次のように構成される n 次正方行列 $A = (a_{ij})$ である．もし $(v_i, v_j) \in E$（つまり v_i と v_j が隣接している，さらに言い換えれば辺でつながっている）ならば $a_{ij} = 1$ とし，$(v_i, v_j) \notin E$ ならば $a_{ij} = 0$ と定義される．要するに頂点 i, j を結ぶ辺があるなら行列 A の (i, j) 成分は 1，そうでないなら 0 が割り当てられる．辺に向きがついたり，

重みがついた場合は，この割り当て方法を少し変形する．

いくつか具体例を見よう．図 A.1(a) は無向グラフであり，その隣接行列 A_a は基本通り次のようになる．

$$A_a = \begin{pmatrix} 0 & 1 & 0 & 0 & 0 & 0 \\ 1 & 0 & 1 & 0 & 0 & 0 \\ 0 & 1 & 0 & 1 & 0 & 1 \\ 0 & 0 & 1 & 0 & 1 & 1 \\ 0 & 0 & 0 & 1 & 0 & 0 \\ 0 & 0 & 1 & 1 & 0 & 0 \end{pmatrix}$$

図 A.1(b) は有向グラフであり，隣接行列 A_b は向きを表すための工夫が必要である．頂点 i から頂点 j に向かう辺があるとき，$a_{ij} = 1$ と割り当てることにする．無向グラフの隣接行列では $a_{ij} = 1$ ならば対称位置の成分も自動的に $a_{ji} = 1$ であるが，有向グラフでは $a_{ij} = 1$ であっても，j から i に向かう辺が存在しないならば $a_{ji} = 0$ となる．このように，無向グラフの隣接行列は対称行列であるが，有向グラフについては必ずしもそうではない．

$$A_b = \begin{pmatrix} 0 & 1 & 0 & 0 & 0 & 0 \\ 0 & 0 & 1 & 0 & 0 & 0 \\ 0 & 1 & 0 & 1 & 0 & 0 \\ 0 & 0 & 1 & 0 & 1 & 1 \\ 0 & 0 & 0 & 0 & 0 & 0 \\ 0 & 0 & 1 & 0 & 0 & 0 \end{pmatrix}$$

図 A.1(c) は辺に重みづけをされた無向グラフである．その隣接行列 A_c は，頂点 i, j が隣接しているとき（辺があるとき），a_{ij} に辺の重みを割り当て，隣接していない（辺がない）ときは明らかに異常な値（ここでは ∞ で表現）を割り当てることにする．

$$A_c = \begin{pmatrix} \infty & 5 & \infty & \infty & \infty & \infty \\ 5 & \infty & 3 & \infty & \infty & \infty \\ \infty & 3 & \infty & 11 & \infty & 13 \\ \infty & \infty & 11 & \infty & 7 & 17 \\ \infty & \infty & \infty & 7 & \infty & \infty \\ \infty & \infty & 13 & 17 & \infty & \infty \end{pmatrix}$$

図 A.1(d) は辺に重みづけをされた有向グラフである．A_b と A_c の構成法を組み合わせればよい．すなわち，頂点 i から 頂点 j に向かう辺があるとき a_{ij} に辺の重みを割り当てることにする．辺がないときは，明らかに異常な値（ここでは ∞ で表現）を割り当てる．これにより，隣接行列 A_d は次のようになる．

$$A_d = \begin{pmatrix} \infty & 5 & \infty & \infty & \infty & \infty \\ \infty & \infty & 3 & \infty & \infty & \infty \\ \infty & 19 & \infty & 11 & \infty & \infty \\ \infty & \infty & 23 & \infty & 7 & 17 \\ \infty & \infty & \infty & \infty & \infty & \infty \\ \infty & \infty & 13 & \infty & \infty & \infty \end{pmatrix}$$

グラフ G の一部分で構成されるグラフを G の**部分グラフ**という（G 自身も G の部分グラフであると考える）．厳密には，二つのグラフ $G = (V, E)$ と $G' = (V', E')$ について，$V' \subseteq V$ かつ $E' \subseteq E$ ならば G' は G の部分グラフであるといい，$G' \subseteq G$ と書く．

　グラフ $G = (V, E)$ 上で，一つの頂点から出発して隣接する（辺でつながっている）頂点に渡り，そこからさらに隣接する頂点に渡る，という動きを考える．すなわち，$v_1 \to v_2 \to \cdots \to v_n \to v_{n+1}$ と動くことになる．ただし $v_i \in V$ かつ $(v_i, v_{i+1}) \in E$ $(1 \le i \le n)$ である．こうしてできた v_1 から v_{n+1} までの辺を含む順路を**歩道**といい，W で表すことにする．また，v_1 を歩道 W の**始点**，v_{n+1} を終点と呼び，n を W の長さと呼ぶ．なお，G が有向グラフであっても，「歩道は辺の向きに逆らって進むことはできない」という点に注意すれば同様の発想で歩道を定義できる．

歩道 W のすべての辺が異なるとき，W を**小道**という．W のすべての頂点が異なるとき，W を**道**という．始点と終点が一致している小道は**回路**と呼ばれ，始点と終点が一致している他に頂点の重複がない歩道は**閉路**と呼ばれる．G のすべての辺を通る回路が存在するとき，それを**オイラー回路**と呼び，そのような回路を持つグラフ G をオイラーグラフと呼ぶ（一筆書きができるグラフのことである）．一方，G のすべての頂点を通る閉路が存在するとき，それを**ハミルトン閉路**と呼び，そのような閉路を持つグラフ G をハミルトングラフと呼ぶ．

グラフ G の任意の二つの頂点の間にそれらを結ぶ道があるとき，G は**連結**であるという．例えば，図 A.1(a) のグラフは連結である．一方で，孤立点を持つ（2 個以上の点から成る）グラフは連結ではない．

連結で閉路のないグラフは**木**と呼ばれる．木は最も単純な構造を持つグラフと考えられるが，何らかの親子関係を表す系統図やコンピュータのファイルシステムの構造図など，木を用いて表現できる構造は数多く，木はさまざまなところで重宝されている．

任意の二つの頂点の間に辺があるとき，G は**完全グラフ**と呼ばれる．グラフ $G = (V, E)$ の頂点集合 V を $V = X \cup Y$（ただし $X \cap Y = \emptyset$）と分割して，G のどの辺も (x, y)（ただし $x \in X$, $y \in Y$）の形で書けるなら，すなわち X に属する頂点どうしや Y に属する頂点どうしに辺が存在しないようにできるなら，G は **2 部グラフ**と呼ばれる．2 部グラフはマッチング問題など，何らかの対象に別の対象を「割り当てる」という種類の問題を抽象化する際にしばしば現れる．

最後に，グラフの同型性について紹介する．$G_1 = (V_1, E_1)$ と $G_2 = (V_2, E_2)$ をグラフとし，どちらのグラフでも頂点には 1 から順に自然数の番号が振られていて（図 A.1 のように），頂点は番号で識別できるものとする．G_1 と G_2 が**同型**であるとは，任意の $(i, j) \in E_1$ について $(\varphi(i), \varphi(j)) \in E_2$ となるような全単射 $\varphi : V_1 \to V_2$ が存在することである．全単射であるから置換である．要するに，G_1 での頂点のつながり方が，番号の変更だけで G_2 でも保存されていることが示せるとき，G_1 は G_2 に同型という（文字通り，これは G_1 が G_2 と実質的に「同じ形」をしているということを意味する）．ここでは V_1 か

ら V_2 への全単射という流れで述べたが，全単射なので V_2 から V_1 に向けて考えても同じである．与えられた二つのグラフが同型かどうかを判定する問題は特別な性質を持つグラフ（例えば，木）に限定した場合を除いて効率的なアルゴリズムが知られておらず，計算機科学における重要な未解決問題の一つとなっている [11].

参考文献

[1] 新井紀子：『ほんとうにいいの？ デジタル教科書』，岩波ブックレット No.859，岩波書店，2012.

[2] 石田基広・金明哲 編著：『コーパスとテキストマイニング』，共立出版，2012.

[3] 伊藤大雄・宇野裕之 編著：『離散数学のすすめ』，現代数学社，2010.

[4] 大関信雄・青柳雅計：『不等式』，槙書店，1967.

[5] 尾畑伸明：『情報数理の基礎と応用』ライブラリ：情報学コア・テキスト 1，サイエンス社，2008.

[6] 加藤和也：『数論への招待』，丸善出版，2012.

[7] 若山正人 編：『最適化法/数理ファイナンスの確率解析入門』，現代技術への数学入門シリーズ，講談社，2008.

[8] 小林龍生：『ユニコード戦記』，東京電機大学出版局，2011.

[9] 斉藤伸自・西関隆夫・千葉則茂：『離散数学』，電気・電子・情報工学基礎講座，朝倉書店，1989.

[10] N. チョムスキー（福井直樹・辻子美保子 共訳）：『統辞構造論』，岩波文庫，岩波書店，2014.

[11] 戸田誠之助：『グラフ同型性判定問題』，日本大学文理学部叢書 2，冨山房，2001.

[12] 松坂和夫：『代数系入門』，岩波書店，1976.

[13] 村上征勝：『真贋の科学 計量文献学入門』，朝倉書店，1994.

[14] 村上征勝：『シェークスピアは誰ですか？——計量文献学の世界』，文春新書，文藝春秋，2004.

[15] 山西健司：『データマイニングによる異常検知』，共立出版，2009.

[16] 雪江明彦：『代数学 1 群論入門』，日本評論社，2010.

[17] 青木和彦・上野健爾ほか 編者『岩波 数学入門辞典』，岩波書店，2005.

[18] Aho, A.V., Ullman, J.D.: *Foundations of Computer Science*, Computer Science Press, 1992.

[19] Beck, M., Robins, S.: *Computing the Continuous Discretely: Integer-Point Enumeration in Polyhedra*, Springer, 2007.

[20] Beecher, K.: *Computational Thinking: A beginner's guide to problem-solving and programming*, BCS, 2017.

[21] Cormen, T.H., Leiserson, C.E., Rivest, R.L., Stein, C.: *Introduction to Algorithms (Third Edition)*, The MIT Press, 2009.（浅野哲夫・岩野和生・梅生博司・山下雅史・和田幸一 共訳：『アルゴリズムイントロダクション（第3版）』，近代科学社，2013）．

[22] Denning, P.J.: The Profession of IT: Beyond Computational Thinking, *Communications of the ACM*, **52**, pp.28–30, 2009.

[23] Denning, P.J., Tedre, M.: *Computational Thinking*, MIT Press, 2019.

[24] Devlin, K.: *Introduction to Mathematical Thinking*, Keith Devlin, 2012.

[25] Diestel, R.: *Graph Theory*, Springer, 2017.（根上生也・太田克弘 共訳：『グラフ理論』，シュプリンガー・ジャパン，2000）．

[26] Ferragina, P., Luccio, F.: *Computational Thinking – First Algorithms, Then Code*, Springer, 2018.

[27] Korte, B., Vygen, J.: *Combinatorial Optimization Theory and Algorithms*, Springer, 2005.（浅野孝夫・平田富夫・小野孝男・浅野泰仁 共訳：『組み合わせ最適化 理論とアルゴリズム（第2版）』，丸善出版，2012）．

[28] Miall, D.S., Dobson, T.: Reading Hypertext and the Experience of Literature, *Journal of Digital Information*, **2**, no.1, 2001.

[29] Moretti, F.: *Distant Reading*, Verso, 2013.

[30] Pierce, J.R.: *An Introduction to Information Theory (2nd revised edition)*, Dover, 1980.

[31] Wing, J.M.: Computational Thinking, *Communications of the ACM*, **49**, pp.33–35, 2006.

[32] Wing, J.M.: Computational thinking and thinking about computing, *Philosophical Transactions of the Royal Society A*, **366**, pp.3717–3725, 2008.

練習問題の指針・略解

　ここでは，本文中または各章の章末に記載されている練習問題の一部について，ヒントとなる指針または略解を掲載している．ここに記載された解が唯一の解とは限らないことに注意して，必要に応じて参考にしてもらいたい．

練習 2.31　入力を n, k で表す．（ステップ (1)）n の 1 の位 x を求め，$k = x$ であれば $c = 1$, そうでなければ $c = 0$ とおく．（ステップ (2)）n から 1 の位 x を削除した整数を n' とする．n' と k を入力として，再帰的に n' の中に k が何個現れるかを数える（その個数を c' とする）．そして，（ステップ (3)）$c + c'$ を答えとして出力する．　　□

練習 2.37　長さが 10 のリスト count を用意し，count[0] から count[9] までの初期値はすべて 0 であるとする．入力 n の各桁を 1 の位から順番に見ていく．n の 1 の位が k であるとき，count[k] の値を一つ増やし，n から k を削除する．この処理を n の桁がすべて消えるまで繰り返した後，count[0] から count[9] までの中に 2 以上の値があるかどうかをチェックする（Python にはリスト中に値の重複があるかどうかをチェックする命令があるが，上記の素朴な解決法ではそれを用いていない）．　　□

練習 2.38　与えられた数列をリストに保存しておき，それを昇順に（バブルソートなど適当な手法によって）整列する．そして，前から $n/2$ 番目（または $(n-1)/2$ 番目）の値を取り出せばよい．ただし，n はリストの長さ（リストに属する成分の個数）を表している（この問題については，計算量的にもっと洗練された手法が知られているが[1]，ここでは上記の通りの素朴な手法で解決できれば十分である）．　　□

練習 2.39　整数 $b \geq 0$ に対するパリティを $p(b)$ で表す．ただし，b が偶パリティならば $p(b) = 0$, 奇パリティならば $p(b) = 1$ とする．

(i) $b = 0$ または $b = 1$ ならば，$p(b) = b$ である．
(ii) $b \geq 2$ のときは，(ii-a) b が偶数ならば $p(b) = p(b/2)$ であり，(ii-b) b が奇数ならば $p(b) = \overline{p((b-1)/2)}$ である（ここで，上棒線は 0, 1 の反転を表し，$\bar{0} = 1$, $\bar{1} = 0$ である．つまり，$x \in \{0,1\}$ に対して $\bar{x} = 1 - x$ である）．

この関係式を利用して再帰アルゴリズムを構成すればよい．　　□

練習 3.12　6 行目で $M = \emptyset$ であった場合には（グラフが非巡回的ではないことを検知

---

1)　詳しくは文献 [21] の 9.3 節を参照のこと．この文献は計算機アルゴリズムおよびデータ構造に関する標準的なテキストとして広く知られている．

したので）直ちに「解なし」を出力して停止させる. □

練習 3.49　$b \neq 0$ のときには，a を b で割ったときの商が q，余りが r ならば，$a = bq + r$，$0 \leq r < |b|$ であり，かつ命題 2.10 から $\gcd(a, b) = \gcd(b, r)$ である．再帰を利用して，$bx' + ry' = \gcd(b, r)$ を満たす整数 x', y' を求める．これに $r = a - bq$ と $\gcd(a, b) = \gcd(b, r)$ を代入すれば，$bx' + (a - bq)y' = \gcd(a, b)$ となるので，$(x, y) = (y', x' - qy')$ に対して $ax + by = \gcd(a, b)$ が成り立つ. □

練習 3.51　(1) $\gcd(a_1, \ldots, a_n) = 1$ だから，$\sum_{i=1}^{n} c_i a_i = 1$ となる整数組 $(c_1, \ldots, c_n)$ が存在する[2]．$s = \sum_{i=1}^{n} a_i$ とおく．任意の自然数 t について，t を s で割って商が x，余りが r とすると，$t = xs + r$，$0 \leq r < s$ であり，

$$t = xs + r = x \sum_{i=1}^{n} a_i + r \sum_{i=1}^{n} c_i a_i = \sum_{i=1}^{n} (x + rc_i) a_i$$

となる．ここで，$c = \max_{1 \leq i \leq n} |c_i|$ に対して $x \geq sc$ であれば，すべての $1 \leq i \leq n$ に対して $x + rc_i > sc + rc_i > 0$ であり，これは $a_1, \ldots, a_n$ による t の表現である．ゆえに，$t \geq s^2 c$ ならば，t は $a_1 < \cdots < a_n$ で表現可能である[3]．

(2) 与えられた t が表現可能かどうかをチェックできればよい．(1) から $t \geq s^2 c$ であれば t は表現可能なので，$1 \leq t < s^2 c$ のみを考えればよい．この範囲にあるすべての t について，t が表現可能かどうかを調べ上げて，その中で表現可能でない最大の数を探せばよい．$t > 0$ であるとき，t が表現可能であるためには，$t - a_1, \ldots, t - a_n$ のいずれか一つ以上が表現可能であることが必要十分であることに注意して，動的計画法を利用してみる．あるいは，一見何の関係もなさそうだが，3.7 節で取り扱った最短経路探索問題に対するダイクストラ法と同様の考え方を利用して解く手法も考案されている[4]． □

練習 3.52　各々の辺 $e \in E$ に重み $-l(e)$ を与えた上でダイクストラのアルゴリズムを実行する. □

練習 3.53　タスク j がタスク i に先行することを $j \prec i$ で表す.

(1) $j \prec i$ ならば，タスク i を開始できるのは少なくともタスク j が終わった後である．タスク j は最短でもプロジェクト開始してから時間 t_j を経過した後に開始でき，さらにタスク j を完了するには時間 c_j かかる．よって，$t_i \geq t_j + c_j$ である．ゆえに，$t_i \geq \max_{j \prec i} (t_j + c_j)$．一方，$i$ は $j \to i$ となるすべてのタスク j が完了すればいつで

---

2)　これは定理 3.5 の自然な拡張として得られる，初等整数論における基本的な結果である．なお，ここで $c_1, \ldots, c_n$ は整数であり，負の数であってもよい．

3)　この簡潔な証明は，Feller, W.: *An Introduction to Probability Theory and Its Applications*, vol-I, John Wiley & Sons, 1950 による．

4)　Nijenhuis, A.: A Minimal-Path Algorithm for the "Money-Changing Problem", *The American Mathematical Monthly*, **86**, pp. 832-835, 1979 を参照のこと．

も着手可能なので，$t_i = \max_{j \prec i}(t_j + c_j)$ である．

(2) 次のような辺重み付き有向グラフ G を考える．(i) 点は $0, 1, 2, \ldots, n$ である．(ii) $1 \leq i, j \leq n$ に対しては，$i \prec j$ のとき，かつそのときに限り辺 $i \to j$ を引き，その重みは c_i とする．(iii) 点 0 から各点 i $(1 \leq i \leq n)$ に辺 $0 \to i$ を引き，重みは 0 であるとする．このグラフ G 上で，0 を始点として各点 $i = 1, 2, \ldots, n$ への最長経路をこの順番で求めていく（最長経路の求め方については練習 3.52 を参照．なお，G には有向閉路はないものとしてよい．G が有向閉路を含む場合には，そもそも指定された依存関係に適合したスケジューリングは存在しない）． □

練習 3.54 (1) m 人の従業員を $x_1, \ldots, x_m$ で表し，n 個の仕事を $y_1, \ldots, y_n$ で表す．x_i が仕事 y_j を希望するとき，x_i と y_j を辺で結ぶ．このようにして得られる 2 部グラフを G とする．G の辺から成る集合 M で，M に属する相異なるどの二つの辺も端点を共有していないとき，M は「マッチング」であるということにする．G のマッチング M で辺の数が最も多いものを一つ求める．なお，辺 (x_i, y_j) がマッチング M に属しているとき，従業員 x_i に仕事 y_j を割り当てるようにする．これですべての従業員に仕事が割り当てられれば完了であるが，そうでない場合には，残った従業員には希望通りでない仕事を何か一つずつ割り当てる．

(2) (1) で作った 2 部グラフ G に新しい点 s, t を追加する．そして，s から各点 x_i に向けて辺 (s, x_i) を引き，辺容量 1 を与える．同様に各点 y_j から点 t へ向けて辺 (y_j, t) を引き，辺容量 1 を与える．また，G 上の各辺 (x_i, y_j) には x_i から y_j への向きがあるとして，それに辺容量 1 を付与する．このようにして構成されたネットワーク上で，s から t への最大フローを求めればよい． □

索　引

memo

memo

memo

〈著者紹介〉

磯辺秀司（いそべ しゅうじ）

2002 年　東北大学大学院情報科学研究科博士後期課程修了
現　　在　東北大学データ駆動科学・AI 教育研究センター／東北大学大学院情報科学研究科 准教授，博士（情報科学）
専　　門　理論計算機科学

小泉英介（こいずみ えいすけ）

2005 年　東北大学大学院理学研究科博士後期課程修了
現　　在　東北大学データ駆動科学・AI 教育研究センター／東北大学大学院情報科学研究科 助教，博士（理学）
専　　門　情報セキュリティに関連する数学，複素解析幾何学

静谷啓樹（しずや ひろき）

1987 年　東北大学大学院工学研究科博士後期課程修了
現　　在　東北大学データ駆動科学・AI 教育研究センター／東北大学大学院情報科学研究科 教授，工学博士
専　　門　暗号理論，情報教育

早川美徳（はやかわ よしのり）

1989 年　東北大学大学院工学研究科博士後期課程修了
現　　在　東北大学データ駆動科学・AI 教育研究センター（センター長）／東北大学大学院情報科学研究科 教授，工学博士
専　　門　非平衡系の物理学

探検データサイエンス

数理思考演習

Practice in
Computational Thinking

2023 年 4 月 10 日　初版 1 刷発行

著　者　磯辺秀司
　　　　小泉英介　　Ⓒ 2023
　　　　静谷啓樹
　　　　早川美徳

発行者　南條光章

発行所　共立出版株式会社
　　　　〒112-0006
　　　　東京都文京区小日向 4-6-19
　　　　電話番号　03-3947-2511（代表）
　　　　振替口座　00110-2-57035
　　　　www.kyoritsu-pub.co.jp

印　刷　大日本法令印刷

製　本　協栄製本

検印廃止
NDC 007.64, 116.1, 377

ISBN 978-4-320-12520-9

一般社団法人
自然科学書協会
会員

Printed in Japan